Über dieses Buch Mit Witz und Weisheit führt Karel Čapek den Gartenfreund durch den Kalender. Sein berühmtes Buch ›Das Jahr des Gärtners‹ ist dennoch keine Anleitung, sondern eine trostreiche Fibel für alle, die sich das ganze Jahr hindurch in ihrem Garten abrakkern und gegen die Tücken der Natur auch nicht mit noch so viel gutem Willen, Arbeitseinsatz und biologischem Fachverstand ankommen. Profitieren werden von diesem amüsanten Brevier beide Parteien: die Gartennarren, aber auch jene Abtrünnigen, die die Schnauze ein für allemal voll haben von der ewigen Wühlerei im Erdreich, dem strapaziösen Unkrautjäten und Hacken. Unerschöpflich in der Aufzählung gärtnerischer Pannen, welche zu erleiden eine Pein, zu lesen eine Lust, ist es ein Buch des Trostes, der Freude und der Schadenfreude gleichermaßen. Und der Leser weiß am Ende: das ist das eigentliche Glück, daß die Bäume nicht in den Himmel wachsen.

Der Autor Karel Čapek (1890–1938) war einer der produktivsten tschechischen Autoren seiner Zeit. Er war als Journalist Mitarbeiter mehrerer Zeitungen, arbeitete als Dramaturg und hat ein vielfältiges schriftstellerisches Werk hinterlassen, das Erzählungen, utopische Romane (z. B. ›Die Fabrik des Absoluten‹, ›Der Krieg mit den Molchen‹), gesellschaftskritische Romane (z. B. ›Hordubal‹), Dramen, Feuilletons, Reiseberichte umfaßt.

Karel Čapek

Das Jahr des Gärtners

Aus dem Tschechischen
von Julius Mader

Mit 62 Zeichnungen
von Josef Čapek

Fischer Taschenbuch Verlag

Ungekürzte Ausgabe
Veröffentlicht im Fischer Taschenbuch Verlag GmbH
Frankfurt am Main, Dezember 1986
Lizenzausgabe mit freundlicher Genehmigung
des Weiss-Verlag GmbH, Dreieich
Die tschechische Originalausgabe erschien
1929 unter dem Titel ›Zahradníkuv Rok‹.

Umschlaggestaltung unter Verwendung
einer Zeichnung von Josef Čapek:
Jan Buchholz / Reni Hinsch
Gesamtherstellung: Clausen & Bosse, Leck
Printed in Germany
780-ISBN-3-596-28212-8

Wie man Gärten anlegt

GÄRTEN kann man auf verschiedene Art anlegen; die beste ist die, einen Gärtner zu nehmen. Der Gärtner pflanzt dann verschiedene Stöcke, Reiser und Besen an, von denen er behauptet, daß es Ahorn, Weißdorn, Flieder vorstelle, daß es Hochstämme, Halbstämme und andere Natursorten seien; dann wühlt er in der Erde herum, kehrt das Unterste zuoberst, drückt alles wieder glatt, macht aus Schlacke Wege, steckt hier und dort irgendein verwelktes Laub in die Erde, von dem er erklärt, es seien Perennen, sät den Samen für den künftigen Rasen aus, den er englisches Raigras und Knaulgras, Wiesenfuchsschwanz, Schwedenklee, Floringras nennt, und geht dann fort, den Garten braun und kahl wie am ersten Tage der Erschaffung der Welt zurücklassend; nun legt er euch ans Herz, all die Gartenerde täglich sorgsam zu gießen und, bis das Gras zu wachsen anfängt, Kies für die Wege anfahren zu lassen. Nun gut.

Man würde denken, das Wässern eines Gartens sei eine sehr einfache Sache, besonders wenn man einen Schlauch dazu benutzt. Es zeigt sich aber bald, daß der Schlauch ein ungewöhnlich hinterlistiges und gefährliches Geschöpf ist, solange er nicht gezähmt wurde. Er krümmt sich, schnellt hoch, macht eine große Wasserlache unter sich und taucht mit Wonne in den Schlamm unter, den er sich auf diese Weise schuf; sodann stürzt er auf den Menschen los, der gießen will, und ringelt sich um dessen Beine. Man muß auf den Schlauch treten, da aber leistet er Widerstand, windet sich einem um Hüften und Hals; während der Angefallene mit ihm wie mit einer Riesenschlange kämpft, richtet das Ungetüm sein Messingmaul nach oben und speit einen mächtigen Wasserstrahl in die Fenster auf die frisch gewaschenen Vorhänge. Es bleibt nichts anderes übrig, als ihn energisch beim Kopf zu pakken und so weit als möglich zu strecken; die Bestie wütet vor Schmerz und beginnt Wasser zu spritzen, freilich nicht aus dem Maul, sondern aus dem Hydranten oder aus der Mitte des Körpers. Beim erstenmal sind drei Leute zum Bändigen nötig. Alle verlassen dann den Kampfplatz, bis über die Ohren mit Erde beschmiert und ausgiebig mit Wasser bespritzt. Was den Garten anbelangt, verwandelt er sich stellenweise in eine schmierige Pfütze, während er an anderen Stellen vor Trockenheit Risse bekommt.

Tut man das täglich, beginnt in vierzehn Tagen Unkraut statt Gras zu wachsen. Es ist ein Naturgeheimnis, daß sich aus dem besten Rasensamen das üppigste und stachligste Unkraut entwickelt; vielleicht sollte man Unkrautsamen aussäen, um einen schönen Rasen zu bekommen. Nach drei Wochen ist der Rasen dicht mit Disteln und anderem kriechenden oder tief in der Erde verwurzelten Unkraut bewachsen; versucht man, es aus der Erde zu ziehen, reißt es oberhalb der Wurzel ab oder nimmt einen ganzen Erdklumpen mit. Es ist schon so: je größer das Luder, desto besser gedeiht es.

Inzwischen verändert sich durch eine geheimnisvolle Umwandlung der Materie die Schlacke der Wege in die klebrigste und schlüpfrigste Tonerde, die man sich nur vorstellen kann.

Nichtsdestoweniger muß man das Unkraut aus dem Rasen entfernen; man jätet und jätet, und hinter jedem Schritt verwandelt sich der künftige Rasen in kahle, braune Erde, wie sie am ersten Tag der Erschaffung der Welt ausgesehen haben mag. Nur an zwei oder drei Stellen bemerkt man einen grünlichen Schimmer, wie ein hingehauchter, schütterer Flaum; da gibt es keinen Zweifel mehr, das ist Gras. Man geht auf den Fußspitzen umher und jagt die Spatzen fort; aber während man auf den Boden starrt, treiben an den Stachelbeer- und Johannisbeersträuchern die ersten Blättchen heraus. Immer kommt einem der Frühling zuvor.

Das Verhältnis zu den Dingen hat sich geändert. Regnet es, sagt man, es regne auf den Garten; scheint die Sonne, scheint sie nicht bloß so, sondern scheint auf den Garten; ist es Nacht, stellt man mit Befriedigung fest, daß sich der Garten ausruhe.

Eines Tages wird man die Augen öffnen, und der Garten wird grün sein, das hohe Gras im Tau erglänzen, pralle, bräunliche Knospen gucken aus dem Dickicht der Rosenkronen hervor, und die alternden Bäume werden breitästig und dunkel, mit schweren Kronen und voll verwesendem Duft feuchten Schatten spenden. Nichts wird mehr an den zarten, kahlen und braunen Garten jener Tage erinnern, an den spärlichen Flaum des ersten Grases, an das armselige Aufbrechen der ersten Knospen, an all die erdige, arme und rührende Schönheit des Gartens, als er angelegt wurde.

Nun gut, jetzt aber heißt es gießen, jäten und die Steine aus der Erde klauben.

Wie der Gärtner entsteht

ALLEM Anscheine zuwider wird der Gärtner weder aus Samen, aus einer Knolle, einem Trieb noch einem Ableger geboren, sondern er entsteht durch die Erfahrung, durch die Umgebung und die Naturbedingungen. Solange ich klein war, hatte ich ein feindseliges, ja schadenfrohes Verhältnis zu Vaters Garten, weil mir verboten war, auf den Beeten herumzutreten und unreifes Obst zu pflücken. Ähnlich war es auch dem Adam im Garten des Paradieses verboten, auf den Beeten herumzutreten und Obst vom Baum der Erkenntnis zu pflücken, weil es noch nicht reif war; nur daß Adam, so wie wir Kinder, doch das unreife Obst pflückte und deshalb aus dem Paradies hinausgejagt wurde. Von dieser Zeit an ist und bleibt das Obst am Baume der Erkenntnis unreif.

Solange sich ein Mensch in der Blüte seiner Jugend befindet, glaubt er, eine Blüte sei das, was man im Knopfloch trägt oder einem Mädchen schenkt; er hat nicht das richtige Verständnis dafür, daß eine Blüte etwas ist, das überwintert, das man hackt und düngt, umsetzt und für Stecklinge verwendet, beschneidet, anbindet und von Unkraut, Samenstand, trockenen Blättern, Blattläusen und Meltau befreit. Statt die Beete umzugraben, läuft er den Mädchen nach, befriedigt seinen Ehrgeiz, genießt die Früchte des Lebens, die er nicht selbst aufgezogen hat, und verhält sich überhaupt im ganzen destruktiv. Es ist eine gewisse Reife, ich möchte sagen, ein gewisses väterliches Alter vonnöten, um Amateurgärtner werden zu können. Überdies muß man einen eigenen Garten haben. Gewöhnlich läßt man ihn von einem Berufsgärtner anlegen und denkt, daß man nach getaner Arbeit in den Garten gehen kann, sich über die Blumen freuen und dem Zwitschern der Vögel lauschen werde. Eines Tages setzt man selbst mit eigener Hand eine Blume ein; ich tat das mit der Hauswurz. Dabei dringt durch einen Riß in der Haut oder sonst irgendwie etwas Erde in den Körper und verursacht eine Vergiftung oder Entzündung. Kurzum, der Mensch bekommt das Gartenfieber.

Ein andermal entsteht ein Gärtner durch Ansteckung seitens der Nachbarn; er sieht vielleicht, wie beim Nachbar die Pechnelke blüht, und denkt sich: Verdammt, warum könnte sie nicht auch bei mir blühen? Das wäre noch schöner, wenn ich das nicht besser träfe! Von da an verfällt der Gärtner immer tiefer und tiefer der neu erwachten Leidenschaft, die durch weitere Erfolge genährt und durch weitere Mißerfolge aufgepeitscht wird; der Sammlertrieb bricht bei ihm durch, der ihn anspornt, alles nach dem Abc großzuziehen, von der *Achillea* bis zur *Zinnia*; später entwickelt sich in ihm der Eifer für Spezialitäten, der aus dem bis dahin zurechnungsfähigen Menschen einen Rosenliebhaber, Georginenliebhaber oder eine andere Art überspannten Monomanen werden läßt. Andere wieder verfallen einer künstlerischen Leidenschaft, bauen, ändern und pflanzen ständig ihren Garten um, stellen Farben zusammen und gruppieren die Blumenstöcke; gehetzt durch die sogenannte schöpferische Unzufriedenheit, wechseln sie aus, wo etwas steht und wächst. Es soll sich nur ja niemand einbilden, echte Gärtnerei sei eine bukolische und beschauliche Tätigkeit. Eine unstillbare Leidenschaft ist sie, wie alles, was ein gründlicher Mensch anfängt.

Jetzt will ich noch verraten, woran man einen wirklichen Gärtner erkennt. »Sie müssen mich besuchen«, sagt er, »ich muß Ihnen meinen Garten zeigen.« Kommt man also hin, um ihm Freude zu machen, so findet man sein Hinterteil irgendwo zwischen den Perennen emporragen. »Ich komme gleich«, sagt er über die Schulter hinweg, »ich setze nur das hier um.« »Lassen Sie sich nicht stören«, erwidert man ihm freundlich. Nach einiger Zeit ist das Zeug wahrscheinlich schon umgesetzt; kurzum, er erhebt sich, macht einem die Hand schmutzig und sagt, vor Gastfreundschaft strahlend: »Also kommen Sie, schauen Sie ihn sich an; es ist zwar nur ein kleiner Garten, aber – einen Augenblick«, sagt er und bückt sich zu einem Beet nieder, um einige Gräser auszujäten.

»Also kommen Sie. Ich zeige Ihnen eine *Dianthus Musalae*, da werden Sie Augen machen. Herrgott, hier habe ich vergessen aufzulockern«, sagt er und beginnt in der Erde herumzustochern. Nach einer Viertelstunde richtet er sich wieder auf und meint: »Richtig, ich wollte Ihnen ja die Glockenblume, *Campanula Wilsonii*, zeigen. Das ist die schönste Glockenblume, die – warten Sie, ich muß den Rittersporn da anbinden.« Sobald er ihn angebunden hat, erinnert er sich: »Ach ja, Sie wollten den Reiherschnabel sehen. Einen Augenblick«, brummt er, »ich will nur diese Aster hier umsetzen; sie hat zu wenig Platz.« Wonach man auf den Fußspitzen davonschleicht und das Hinterteil des Gärtners zwischen den Perennen emporragen läßt.

Und sobald er einem wieder begegnet, sagt er: »Sie *müssen* mich besuchen; bei mir blüht eine Rose, so etwas haben Sie noch nicht gesehen. Also Sie kommen? Aber bestimmt.«

Nun gut: besuchen wir ihn, um zu sehen, wie das Jahr vergeht.

Der Gärtner im Januar

»NICHT einmal der Januar bedeutet für den Gärtner eine Zeit der Untätigkeit«, sagen die Handbücher für Gärtner. Gewiß nicht, denn im Januar pflegt der Gärtner hauptsächlich: das *Wetter*. Mit dem Wetter ist es eine eigene Sache; es ist niemals in Ordnung. Entweder schießt es über die eine oder andere Seite hinaus. Die Temperatur stimmt nie mit der hundertjährigen Norm überein; entweder sind 5 Grad unter oder 5 Grad über ihr. Niederschläge aber fallen entweder zehn Millimeter unter oder zwanzig Millimeter über dem Normalen. Ist es nicht zu trocken, so ist es sicherlich zu feucht.

Wenn schon die Leute, die es sonst gar nichts angeht, Grund genug haben, über das Wetter zu klagen, wie erst der Gärtner! Schneit es zu wenig, so brummt er mit Recht, daß es durchaus nicht genüge; schneit es zuviel, äußert er ernste Befürchtungen, daß seine Nadelbäume und Rosensträucher brechen werden. Schneit es überhaupt nicht, jammert er über den verheerenden Barfrost; tritt Tauwetter ein, verflucht er die verrückten Winde, von denen es begleitet ist und die die schändliche Gewohnheit haben, Reisig und andere Frostdeckung im Garten herumzuwirbeln oder, zum Donnerwetter, gar ein Bäumchen zu brechen. Wagt im Januar die Sonne zu scheinen, faßt sich der Gärtner an den Kopf; die Sträucher könnten vorzeitig Saft treiben. Regnet es, fürchtet er für seine Alpenblumen; ist es trocken, denkt er mit Schmerzen an seine Rhododendren und Andromeden. Und doch wäre es gar nicht so schwer, seinen Wünschen entgegenzukommen: er würde sich begnügen, wenn vom ersten bis letzten Januar 0,9 Grad unter Null wären, hundertsiebenundzwanzig Millimeter Schnee (leichter und womöglich frischer Schnee), meist bewölkt, keine oder nur mäßige Westwinde. Dann wäre alles in Ordnung. Aber das ist es eben: um uns Gärtner kümmert sich niemand, niemand fragt uns, wie es sein sollte. Deshalb sieht die Welt auch so aus.

Am ärgsten ist dem Gärtner zumute, wenn die Barfröste einsetzen. Da erstarrt die Erde und trocknet bis auf die Knochen aus, Tag um Tag, Nacht um Nacht, immer tiefer; der Gärtner denkt an die Wurzeln, die in der toten und steinharten Erde einfrieren, an die Zweige, die der trokkene und eisige Wind bis zum Mark durchdringt, an die frierenden Knospen, in welche die Pflanze im Herbst ihre Siebensachen gepackt hat. Wenn ich wüßte, daß es hilft, zöge ich meiner Stechpalme den eigenen Rock an und dem Wacholderstrauch meine eigene Hose; für dich, pontische Azalea, ziehe ich mein Hemd aus, dich, Granatrispe, decke ich mit dem Hute zu, und für dich, Mädchenauge, bleiben nur noch meine Socken übrig: nimm sie zum Dank.

Es gibt verschiedene Finten, wie man dem Wetter beikommen und seine Veränderung herbeiführen kann. Wenn ich mich zum Beispiel entschließe, die wärmsten Kleider, die ich habe, anzuziehen, wird es regelmäßig wärmer. Tauwetter tritt gleichfalls ein, wenn sich ein paar Freunde verabreden, ins Gebirge zum Skifahren zu gehen; auch wenn jemand einen Zeitungsartikel schreibt, in dem er die herrschenden Fröste schildert, die gesunden, frischen Wangen, das Leben und Treiben auf den Eislaufplätzen und andere ähnliche Erscheinungen, setzt gerade in dem Augenblick Tauwetter ein, wenn der Artikel gedruckt wird. Die Leute lesen ihn dann, während es draußen bereits wieder lauwarm regnet und das Thermometer 8 Grad über Null zeigt; kein Wunder, daß dann die Leute sagen, in den Zeitungen wären lauter Lügen und Schwindel – lassen Sie uns mit der Zeitung in Ruhe. Andererseits haben Verwünschungen, Jammern, Fluchen, »Brrr«-sagen und andere Beschwörungsformeln keinen Einfluß auf das Wetter.

Was die Vegetation im Januar betrifft, sind die sogenannten Blumen an den Fensterscheiben die bekanntesten. Damit sie aufblühen, muß die Zimmerluft wenig-

stens etwas ausgeatmeten Wasserdampf enthalten. Ist die Luft vollkommen trocken, kann man nicht einmal die armseligste Nadel an die Scheiben zaubern, geschweige denn Blüten. Dann muß auch das Fenster irgendwo schlecht schließen; in der Richtung, in der es durchs Fenster bläst, wachsen die Eisblumen. Deshalb gedeihen sie auch eher bei armen Leuten als bei reichen, weil bei den Reichen die Fenster besser schließen.

Botanisch zeichnen sich die Eisblumen dadurch aus, daß sie eigentlich keine Blumen sind, sondern Blätter. Sie ähneln den Endivie-, Petersilie- und Sellerieblättern; auch verschiedenen Distelarten aus der Familie der *Cynarocephalae, Carduaceae, Dipsacaceae, Acanthaceae, Umbelliferae* und anderen; man kann sie mit folgenden Arten vergleichen: Stechkraut oder Bergdistel, Sonnendistel, Kratzdistel, Brachdistel, Donnerdistel, Kugeldistel, Krampfdistel, Wetterdistel, Distelsafran, Bärenklaue und noch mit einigen anderen distelartigen, fiederschnittig, gezähnt, gespalten, geschweift, geschnitten oder schrotsägeförmig beblätterten Pflanzen; manchmal ähneln sie Farnkräutern oder Palmenblättern, ein andermal Wacholdernadeln. Blüten haben sie jedoch keine.

Also »nicht einmal der Januar bedeutet für den Gärtner eine Zeit der Untätigkeit«, wie die Handbücher für Gärtner – sicher nur zum Trost – behaupten. Vor allem könne man angeblich den Boden bearbeiten, weil er sich durch die Kälte bröckle. Da stürzt denn der Gärtner gleich zu Neujahr in den Garten hinaus, um den Boden zu bearbeiten. Er macht sich mit dem Spaten ans Werk; nach einiger Anstrengung gelingt es ihm, den Spaten an dem steinharten Boden zu zerbrechen. Nun versucht er es mit der Hacke; hat er Ausdauer, bricht er ihren Stiel entzwei. Da greift er nach der Doppelkrampe, mit der es ihm wenigstens gelingt, eine Tulpenzwiebel zu zerhacken, die er im Herbst eingesetzt hat. Als einziges Mittel bleibt: die Erde mit Stemmeisen und Hammer zu bearbeiten. Freilich ist das ein sehr langwieriges Verfahren, das einen bald verdrießt. Vielleicht ließe sich der Boden mit Dynamit auflockern, das aber der Gärtner für gewöhnlich nicht besitzt. Gut, dann überlassen wir den Boden eben dem Tauwetter.

Und siehe, das Tauwetter ist plötzlich da, wieder stürzt der Gärtner in den Garten hinaus, um den Boden zu bearbeiten. Nach einer Weile trägt er die Erde, soweit sie an der Oberfläche aufgetaut ist, an seinen Stiefeln nach Hause; nichtsdestoweniger macht er ein glückstrahlendes Gesicht und behauptet, die Erde erschließe sich bereits. Inzwischen bleibt nichts anderes übrig, als »verschiedene vorbereitende Arbeiten für die beginnende Saison zu erledigen«. Hat man im Keller ein trockenes Plätzchen, bereite man die Erde für die Blumentöpfe vor. »Man vermenge Lauberde, Mischdünger, faulen Kuhmist ordentlich mit ein wenig Sand.« Ausgezeichnet! Nur sind im Keller gerade Koks und Kohle eingelagert; die Frauenzimmer machen sich überall breit mit ihrem dummen Hausbedarf. Im Schlafzimmer wäre Platz genug für einen hübschen Haufen Humus.

»Benütze die Winterszeit für Ausbesserungen an der Pergola, an der Laube oder dem Gartenhäuschen.« Sehr richtig! Nur habe ich zufällig weder eine Pergola noch eine Laube noch ein Gartenhäuschen. »Auch im Januar kann man Rasen legen« – wenn nur Platz dafür wäre; vielleicht im Vorzimmer oder auf dem Dachboden. »Achte besonders auf die Temperatur im Glashaus.« Ich würde ganz gern darauf achten, aber ich habe kein Glashaus. Diese Handbücher für Gärtner sagen einem nicht viel. Also warten, warten! Himmelherrgott, dauert dieser Januar lang! Wenn es nur schon Februar wäre –

»Kann man im Februar im Garten schon etwas arbeiten?«

»Gewiß, vielleicht auch schon im März.«

Und indessen sind im Garten, ohne daß man es geahnt oder sich darum bemüht hätte, die Krokusse und Schneeglöckchen aufgeblüht.

Samen

MANCHE sagen, man solle Holzkohle dazugeben, andere bestreiten es; manche empfehlen etwas gelben Sand, weil er angeblich Eisen enthalte, andere warnen davor, aus dem einfachen Grund, weil er Eisen enthalte. Manche empfehlen wieder reinen Flußsand, andere ungemischte Torferde, wieder andere Holzsägespäne. Kurz, das Vorbereiten der Erde für den Samen ist ein großes Geheimnis und eine Zauberzeremonie. Soll man Marmorstaub dazugeben (aber woher nehmen?), dreijährigen Kuhmist (hier ist nicht klar, ob damit der Mist dreijähriger Kühe oder ein drei Jahre altes Misthäuflein gemeint ist), drei Finger voll von einem frischen Maulwurfshaufen, zu Staub zerstoßener Lehm alter, ungebrannter Ziegel, Elbesand (aber keinesfalls Moldausand), drei Jahre alte Treibhauserde und vielleicht noch Humus von Goldfarnen und eine Handvoll Erde aus dem Grabe einer erhängten Jungfrau. All das muß ordentlich gemischt werden (die Gärtnerhandbücher sagen nicht, ob bei Neumond oder Vollmond oder in der Philippus-Jakobus-Nacht); wenn man dann diese geheimnisvolle Erde in Blumentöpfe (eingeweicht in Wasser, das drei Jahre an der Sonne stand) schüttet, auf deren Boden man ausgekochte Scherben und ein Stück Holzkohle legt, wogegen sich allerdings wieder andere Autoritäten aussprechen – wenn man also das alles getan und dabei hunderterlei grundlegend verschiedene Vorschriften berücksichtigt hat, wodurch die Zeremonie sehr erschwert wird, kommt man zum Kern der Sache, nämlich zum Aussäen der Samen.

Was die Samen anbelangt, ähneln einige dem Schnupftabak, andere hellen und bleichen Nissen, wieder andere glänzenden, schwarzbraunen Flöhen ohne Füße; manche sind flach wie Münzen, andere rundlich voll, wieder andere dünn wie Nadeln, flügelig, dornig, beflaumt, nackt oder haarig, groß wie Schwaben und klein wie Sonnenstäubchen. Ich bezeuge es, daß jede Art anders und jede merkwürdig ist; das Leben ist verwickelt. Aus diesem großen, struppigen Ungeheuer soll eine niedere, trockene Distel hervorsprießen, während aus dieser gelben Nisse angeblich eine riesige Cotyledon entsteht. Was soll ich tun? Ich glaube es einfach nicht.

Gut, habt ihr schon gesät? Habt ihr die Blumentöpfe in laues Wasser gestellt und mit Glas zugedeckt? Habt ihr die Fenster geschlossen und gegen die Sonne verhängt, damit im Zimmer eine Treibhaushitze von 40 Grad herrsche? Wohlan, nun beginnt die große und eifrige Tätigkeit jedes Samenzüchters, nämlich das Warten. Schweißtriefend, ohne Rock und Weste, neigt sich der Wartende atemlos über seine Blumentöpfe und lockt mit den Augen die Keimlinge heraus, die treiben sollen.

Am ersten Tag gedeiht nichts; und der Wartende wälzt sich in der Nacht im Bett herum und kann den Morgen kaum erwarten.

Am zweiten Tag erscheint auf der geheimnisvollen Erde eine Schimmelflocke. Der Wartende freut sich über die erste Spur des Lebens.

Am dritten Tag kriecht etwas auf einem langen, weißen Beinchen heraus und wächst wie närrisch. Der Wartende jauchzt beinahe laut auf, daß es schon da ist, und hütet den ersten Setzling wie seinen Augapfel.

Wenn am vierten Tag dieser Keimling bereits zu einer unmöglichen Höhe emporgeschossen ist, erfaßt den Wartenden die Unruhe, es könnte vielleicht Unkraut sein.

Bald zeigt es sich, daß diese Befürchtung nicht grundlos war. Immer entpuppt sich das erste Lange und Dünne, das im Blumentopf hochwächst, als Unkraut. Anscheinend handelt es sich dabei um ein Naturgesetz.

Nun, so am achten Tag oder noch später, öffnet sich plötzlich in einem geheimnisvollen und unbewachten Augenblick (denn nie hat es jemand gesehen, noch sie dabei ertappt) ganz leise die Erde, und der erste Keimling kommt zum Vorschein. Ich dachte immer, die Pflanze wachse entweder wie eine Wurzel aus dem Samen hinunter oder wie das Kartoffelkraut aus der Knolle hinauf. Ich kann euch sagen, daß es nicht so ist. Fast jede Pflanze wächst unter dem Samen hinauf, wobei sie ihren Samen wie eine Mütze auf dem Kopfe trägt. Stellt euch nur vor, ein Kind würde wachsen und dabei seine Mutter auf dem Kopfe tragen. Es ist einfach ein Naturwunder; und dieses Athletenstück vollbringt fast jeder Keimling. Er hebt den Samen in immer kühnerem Emporrecken, bis er ihn eines Tages fallen läßt oder wegwirft; und nun steht er da, nackt und gebrechlich, rundlich, stämmig oder hager, und hat oben zwei so komische Blättchen, und zwischen diesen beiden Blättchen zeigt sich dann etwas.

Was, das verrate ich euch noch nicht; so weit bin ich noch nicht. Es sind nur zwei winzige Blätter auf einem blassen Beinchen, aber es ist so seltsam, es gibt so viele Abarten dabei; bei jeder Pflanze ist es anders. – Was ich noch sagen wollte? Ich weiß schon, nichts; oder eigentlich nur: daß das Leben verwickelter ist, als man es sich vorzustellen vermag.

Der Gärtner im Februar

DER Gärtner setzt im Februar die Januararbeiten fort, indem er hauptsächlich das Wetter pflegt. Ihr müßt nämlich wissen, daß der Februar eine gefährliche Zeit ist, die den Gärtner mit trockenen Frösten, Sonne, Feuchtigkeit und Wind bedroht; dieser kürzeste Monat, diese Fehlgeburt unter den Monaten, dieser frühgeborene und überhaupt unsolide Schaltmonat übertrifft alle andern durch seine tückischen Launen; nehmt euch in acht. Am Tage lockt er die Knospen der Sträucher heraus, in der Nacht verbrennt er sie; mit der einen Hand streichelt er uns, mit der andern versetzt er uns einen Nasenstüber. Der Teufel weiß, warum in Schaltjahren gerade diesem wankelmütigen, katarrhalischen und heimtückischen Zwerg von einem Monat ein Tag zugegeben wird; in einem Schaltjahr sollte der schöne Monat Mai einen Tag zubekommen, damit es zweiunddreißig wären, und fertig. Wie kommen wir Gärtner dazu?

Eine weitere Saisonarbeit im Februar ist die Jagd nach den ersten Anzeichen des Frühlings. Der Gärtner hält nichts vom ersten Käfer oder Schmetterling, der gewöhnlich in den Zeitungen den Frühling eröffnet; erstens liegt ihm überhaupt nichts an Käfern, und zweitens ist so ein erster Schmetterling gewöhnlich der letzte vom Vorjahr, der zu sterben vergessen hat. Die ersten Anzeichen des Frühlings, denen der Gärtner nachforscht, sind untrüglicher. Es sind dies:

1. *Krokusse*, die im Grase mit vollen, dicklichen Spitzen hervorsprießen; eines Tages platzt die Spitze (dabei war noch niemand) und bildet ein Büschel herrlich farbiger Blätter; das ist das erste Zeichen des Frühlings.

2. *Die Gärtner-Preislisten*, die einem der Briefträger zustellt, obwohl sie der Gärtner auswendig kennt. (So wie die Iliade mit den Worten *Μῆνιν ἀεῖδε θεᾶ*, so beginnen diese Kataloge mit den Worten: *Acaena, Acantholimon, Acanthus, Achillea, Aconitum, Adenophora, Adonis* und so weiter, was jeder Gärtner nur so hersagen kann), er liest sie dennoch sorgfältig von der *Acaena* bis zur *Wahlenbergia* oder *Yucca* durch und kämpft dabei einen schweren Kampf, was er noch alles bestellen sollte.

3. *Schneeglöckchen* sind weitere Frühlingsboten; zuerst sind es solche blaßgrün aus der Erde hervorlugenden Spitzen; die teilen sich dann in zwei dicke Blätter, und das Ding ist fertig. Manchmal blühen sie schon Anfang Februar, und ich sage euch, keine Siegespalme, kein Baum

der Erkenntnis, kein Ruhmeslorbeer ist schöner als dieser weiße, zarte Kelch am blassen Stengel, der im frostigen Wind schaukelt.

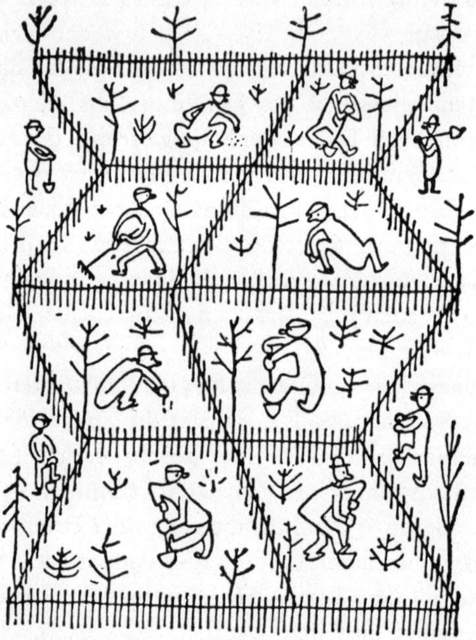

4. *Nachbarn* sind gleichfalls ein untrügliches Anzeichen des Frühlings. Sobald sie mit Spaten und Hacken, Scheren und Bastfäden, Anstreichmischungen für Bäume und allen möglichen Pulvern für den Boden in den Garten hinausstürmen, erkennt der erfahrene Gärtner, daß der Frühling naht; da zieht er alte Hosen über und geht mit Spaten und Hacke den Garten an, damit auch seine Nachbarn erkennen, daß der Frühling nahe, und einander diese freudige Nachricht über den Zaun zurufen. Die Erde er-

schließt sich, aber noch gibt sie kein grünes Blatt heraus; noch ist sie nichts als eine kahle wartende Erde. Es bleibt noch Zeit für das Düngen und Umgraben, Auflockern und Mischen. Da erkennt dann der Gärtner, daß der Boden zu schwer, zu bindig, zu sandig, zu sauer oder zu trokken ist; kurz, die Leidenschaft, ihn irgendwie zu verbessern, bricht bei ihm durch. Man kann den Boden – glaubt mir – durch tausenderlei Mittel verbessern; leider aber hat sie der Gärtner gewöhnlich nicht bei der Hand. In der Stadt ist es schwer, gerade Taubenmist zu Hause zu haben, oder Buchenlaub, verwesten Kuhmist, alten Mauerbewurf, alten Torf, abgelagerte Rasenerde, verwitterte Maulwurferde, Waldhumus, Flußsand, Moorschlamm, Teichschlamm, Heideerde, Holzkohle, Holzasche, zermahlene Knochen, Hornspäne, alte Jauche, Pferdemist, Kalk, morsches Holz von Baumstümpfen und andere nährende, auflockernde und segensreiche Stoffe, ungerechnet einige Dutzend stickstoff-, magnesium-, phosphorhaltiger und verschiedener anderer Düngemittel.

Es gibt wohl Augenblicke, wo sich der Gärtner wünscht, alle diese edlen Erdarten, Zusatzstoffe und Düngemittel zu verwenden, zu mengen und zu mischen; leider wäre dann im Garten kein Platz mehr für die Blumen. So verbessert er halt den Boden, so gut er kann, sammelt Eierschalen zu Hause, verbrennt die Knochen vom Mittagessen, hebt seine abgeschnittenen Nägel auf, kehrt Ruß aus dem Kamin, kratzt den Sand aus dem Abfalleimer, spießt mit dem Stock einen herrlichen Pferdekrapfen auf der Straße auf und gräbt alles sorgfältig in seine Erde ein; denn das sind lauter auflockernde, warme und düngende Substanzen. Alles, was es gibt, ist entweder für den Boden zu gebrauchen oder nicht. Nur feige Scham hindert den

Gärtner daran, auf der Straße das aufzuklauben, was die Pferde verloren haben; aber sooft er auf dem Pflaster ein hübsches Häuflein Mist erblickt, seufzt er wenigstens tief auf, was für eine Gottesgabe doch der Mist ist!

Wenn man sich so einen Misthaufen am Bauernhof vorstellt...

Ich weiß, es gibt verschiedene Pulver in Blechbüchsen; man kann alles kaufen, an was man sich erinnert, alle Arten von Salzen, Extrakten, Schlacken und Pulvern, man kann den Boden mit Bakterien impfen, man kann ihn, gleich dem Herrn Assistenten an der Universität oder in der Apotheke im weißen Mantel, bearbeiten. Das alles

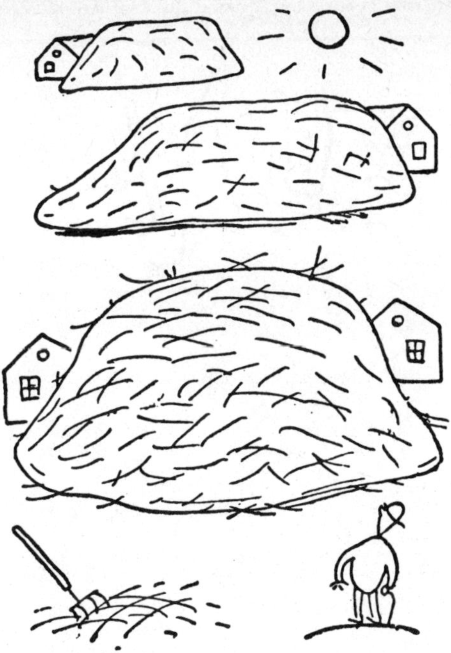

kannst du tun, städtischer Gärtner, aber – wenn du dir so einen braunen und fetten Misthaufen am Bauernhof vorstellst...

Doch, damit ihr's wißt, die Schneeglöckchen blühen schon; auch die Zaubernuß mit ihren gelben Sternchen, und die Nieswurz trägt dicke Knospen. Und wenn ihr besser hinseht (ihr müßt den Atem dabei anhalten), findet ihr fast überall Knospen und Triebe; durch tausenderlei dünne Pulse dringt das Leben aus der Erde. Wir Gärtner ergeben uns nicht mehr; schon eilen wir dem neuen Blühen entgegen.

Von der Gärtnerkunst

SOLANGE ich nur ein fernstehender und zerstreuter Zuschauer fertiger Gärten war, hielt ich die Gärtner für Geschöpfe von besonders poetischem und feinem Geiste, die den Blumenduft züchten und dem Vogelsang lauschen. Jetzt, wo ich mir die Sache mehr aus der Nähe ansehe, finde ich, daß der richtige Gärtner nicht ein Mensch ist, der Blumen züchtet, sondern ein Mann, der den Boden pflegt. Er ist ein Wesen, das in der Erde herumwühlt und den Anblick dessen, was über ihr ist, uns gaffenden Nichtsnutzen überläßt. Er lebt, in die Erde versunken. Baut sein Denkmal im Komposthaufen. Käme er in den Paradiesgarten, würde er berauscht herumschnuppern und sagen: »Mein Lieber, das ist ein Humus!« Ich glaube, er vergäße, vom Obste des Baumes der guten und schlechten Erkenntnis zu essen; eher würde er zusehen, wie er dem Herrn einen Schubkarren Paradieserde entführen könnte. Oder er würde bemerken, daß rund um den Baum der Erkenntnis eine ordentliche, schüsselförmige Baumscheibe fehle; gleich begänne er dort zu graben, ohne zu wissen, was über seinem Kopfe hängt. »Adam, wo bist du?« riefe der Herr. »Gleich«, würde der Gärtner über die Schulter hinweg antworten, »ich habe jetzt keine Zeit.« Und würde weiter an seiner Baumscheibe arbeiten.

Wäre der Mensch – Gärtner von Anbeginn der Welt, durch natürliche Auslese entstanden, hätte er sich wahrscheinlich zu einem wirbellosen Geschöpf entwickelt. Wozu hat der Gärtner überhaupt einen Rücken? Wie es scheint, nur dazu, um sich von Zeit zu Zeit aufzurichten und zu seufzen: »Mein Rücken schmerzt!« Was die Beine anbelangt, so lassen sie sich auf verschiedene Weise zusammenlegen; man kann hocken, knien oder sie auf irgendeine Weise unter sich zusammenzwängen; die Finger bilden gute Pflöckchen, um kleine Gruben zu graben, die Fäuste zerbröckeln die Klumpen oder lockern den Boden auf, während der Kopf zum Einhängen der Pfeife dient. Nur das Genick gibt nicht nach, so sehr sich der Gärtner auch bemüht, es ordentlich zu biegen. Der Regenwurm im Garten hat auch kein Rückgrat. Nach obenhin ist der Gärtner gewöhnlich durch das Hinterteil abgeschlossen; Beine und Hände hält er gespreizt und den Kopf, ähnlich einer weidenden Stute, irgendwo zwischen den Knien. Er gehört nicht zu jenen, die »ihre Gestalt, und sei es auch nur um eine Spanne, wachsen sehen möchten«, im Gegenteil, er halbiert seine Gestalt, hockt sich nieder und verkürzt sie auf alle mögliche Weise. So, wie ihr ihn zu sehen bekommt, ist er selten höher als ein Meter.

Die Pflege des Bodens hängt einerseits von den verschiedenen Arten des Umgrabens, Umhackens, Umschollerns, Eingrabens, Auflockerns, Einebnens, Glattmachens und Kräuselns ab, andererseits von den Zusätzen. Kein Pud-

ding kann komplizierter sein als die Zubereitung der Gartenerde; soweit ich es verfolgen konnte, mengt man Dünger, Mist, Guano, Lauberde, Rasenerde, Ackererde, Sand, Stroh, Kalk, Kainit, Thomasmehl, Kindermehl, Salpeter, Hornmasse, Phosphate, Abfälle, Kuhfladen, Asche, Torf, Kompost, Wasser, Bier, den Inhalt ausgeklopfter Pfeifen, abgebrannte Zündhölzer, tote Katzen und noch viele andere Substanzen bei. Dies alles wird ständig gemischt, eingegraben und zugeharkt. Wie gesagt, der Gärtner ist nicht ein Mensch, der an der Rose riecht, sondern der von der Vorstellung verfolgt wird, »daß der Boden noch ein wenig Kalk benötige«, oder daß er schwer sei (wie Blei, sagt der Gärtner) und »mehr Sand verlange«. Die Gärtnerei wird zu einer Art Wissenschaft. Heutzutage dürfte das Mädchen nicht nur so singen: »Unter unsern Fenstern, da wächst ein Rosenstrauch.« Sie sollte lieber singen, daß man unter unseren Fenstern Salpeter und Buchenasche, sorgfältig gemischt mit feinem Häcksel, streuen möge. Die Rosenblüte ist sozusagen nur für die Dilettanten da; die Freude des Gärtners wurzelt tiefer, im Schoße der Erde. Nach dem Tode wird der Gärtner nicht zu einem Schmetterling, der vom Blumenduft berauscht ist, sondern zu einem Regenwurm, der von allen dunklen, stickstoffhaltigen und würzigen Ergötzlichkeiten der Erde kostet.

Jetzt im Frühjahr lockt es die Gärtner, wie man sagt, unwiderstehlich in den Garten; kaum haben sie den Suppenlöffel hingelegt, sind sie auch schon bei ihren kleinen Beeten, das Hinterteil zum wundervollen Himmel emporreckend. Hier zerreiben sie zwischen den Fingern einen warmen Klumpen, dort stecken sie ein verwittertes, kostbares Stückchen vorjährigen Mistes näher zu den Wurzeln, da reißen sie Unkraut heraus, und hier klauben sie ein Steinchen auf; jetzt lockern sie die Erde um die Erdbeeren herum auf, und nach einer Weile beugen sie sich, die Nase am Boden, vor einigen Salatsetzlingen und kitzeln verliebt das zarte Wurzelbüschel. In dieser Lage genießen sie den Frühling, während über ihren Lenden die Sonne ihren berühmten Kreislauf vollführt, die Wolken ziehen und sich die himmlische Vogelwelt paart. Schon öffnen sich die Kirschenknospen, die jungen Blätter entfalten ihre liebliche Zartheit, und die Amseln lärmen wie verrückt; da richtet sich der echte Gärtner auf, macht das Kreuz hohl und sagt schwermütig: »Im Herbst werde ich ordentlich düngen und ein bißchen Sand dazugeben.«

Aber einen Augenblick gibt es, wo sich der Gärtner aufrichtet und zu seiner vollen Größe emporreckt: das ist das Stündchen am Nachmittag, in dem er seinem Garten das Sakrament des Bespritzens erteilt. Dann steht er, aufrecht und gleichsam erhaben, da und leitet den Wasserstrom aus dem Maule des Hydranten; das Wasser rauscht im silbrigen, tönenden Strahle, der lockeren Erde entströmt der duftende Atem der Feuchtigkeit, jedes Blättchen ist gleichsam üppig grün und glänzt in schmackhafter Freude, daß man es am liebsten aufessen möchte. »Also jetzt hat er genug«, flüstert der Gärtner selig; damit meint er nicht den mit Knospen besäten Kirschbaum noch den purpurfarbenen Johannisbeerstrauch: er meint den braunen Gartenboden.

Und wenn dann die Sonne untergeht, sagt der Gärtner auf dem Gipfelpunkt der Zufriedenheit: »Heute habe ich mich was geplagt!«

Der Gärtner im März

SOLLEN wir der Wahrheit und den uralten Erfahrungen gemäß den März des Gärtners schildern, müssen wir vor allem zwei Dinge sorgfältig unterscheiden: *a)* was der Gärtner tun soll und will; und *b)* was er tatsächlich tut, weil er nicht mehr tun kann.

a) Er will aufs beste handeln, das versteht sich von selbst: er will nur das Reisig wegnehmen und die Blumen abdecken, er will graben, düngen, rigolen, umhacken, umstechen, auflockern, harken, einebnen, begießen, vermehren, Stecklinge zurechtmachen, beschneiden, einsetzen, umsetzen, anbinden, mit Wasser besprengen, Dünger zugeben, jäten, zusetzen, aussäen, reinigen, stutzen, die Spatzen und Amseln verjagen, an der Erde riechen, mit dem Finger Triebe ausgraben, über die blühenden Schneeglöckchen jubeln, den Schweiß von der Stirn wischen, das Kreuz hohl machen, wie ein Wolf essen und wie ein Loch trinken, mit den Spatzen zu Bette gehen und mit den Lerchen aufstehen, die Sonne und den Morgentau preisen, die harten Knospen befühlen, die ersten Frühlingsschwielen und Wasserblasen züchten und überhaupt ungezwungen, frühlingsmäßig und üppig auf Gärtnerart leben.

b) Statt dessen flucht er, daß der Boden immer noch oder schon wieder zugefroren ist, wütet daheim wie ein gefangener Löwe im Käfig, wenn der Garten verschneit ist, sitzt mit einem Schnupfen zu Hause beim Ofen, muß zum Zahnarzt gehen, hat bei Gericht zu tun, bekommt den Besuch einer Tante, eines Uronkels oder des Teufels Großmutter und verliert überhaupt so einen Tag nach dem andern, von allen möglichen Ungemachen, Schicksalsschlägen, Angelegenheiten und Unnannehmlichkeiten verfolgt, die wie verabredet alle im Monat März zusammentreffen. Ihr müßt nämlich wissen, daß der »März der dringlichste Monat für den Garten ist, der auf die Ankunft des Frühlings vorbereitet werden soll«.

Ja, erst als Gärtner schätzt man jene etwas abgenützten Redensarten richtig ein, wie »unerbittliche Kälte«, »hartnäckiger Nordwind«, »strenger Frost« und andere ähnliche poetische Schimpfworte; der Gärtner selber gebraucht noch viel poetischere Ausdrücke, wenn er sagt, daß der Winter heuer ein Luderzeug, eine verdammte, verfluchte, elende, verwünschte und verteufelte Sache sei. Zum Unterschied von den Dichtern schimpft er nicht nur auf den Nordwind, sondern auch auf die bösartigen Ostwinde; er verwünscht weniger das naßkalte Schneegestöber als den leisetreterischen, heimtückischen Kahlfrost. Er ist den bildlichen Aussprüchen gewogen, wie »der Winter wehrt sich gegen die Angriffe des Frühlings«,

und fühlt sich überaus gedemütigt, daß er in dem Kampf nicht mithelfen kann, den tyrannischen Winter zu bezwingen und niederzuschlagen. Könnte er ihn mit der Hacke oder dem Spaten, mit dem Gewehr oder der Hellebarde angreifen, würde er sich die Hüften gürten und, ein Siegesgeschrei ausstoßend, in den Kampf ziehen; so aber kann er nichts andres tun, als jeden Abend beim Radio auf den Situationskampfbericht des staatlichen meteorologischen Institutes zu warten und wild die Hochdruckgebiete über Skandinavien und die Störungen über Island zu verwünschen. Wir Gärtner wissen nämlich, woher der Wind weht.

Für uns Gärtner haben auch die Bauernregeln eindringliche Geltung. Wir glauben noch, daß »der hl. Matthias das Eis bricht«, und tut er es nicht, erwarten wir es vom hl. Joseph, dem himmlischen Werkmeister; wir wissen, daß »wir im März hinter den Ofen kriechen«; wir glauben an die drei Eismänner, an die Frühlingsnachtgleiche, an die Sprüche: »Gibt's an Lichtmeß Sonnenschein, wird's ein spätes Frühjahr sein«, »Macht Medardus naß, regnet's ohne Unterlaß« und andere ähnliche Vorhersagen, aus denen hervorgeht, daß die Menschen seit jeher mit dem Wetter schlechte Erfahrungen gemacht haben. Kurz, die Bauernregeln verkünden uns meist mißliche und traurige Dinge. Deshalb wisset, daß die Existenz der Gärtner, die trotz dieser schlechten Erfahrungen mit dem Wetter jahraus, jahrein den Frühling begrüßen und einweihen, Zeugnis von dem nicht umzubringenden und wunderbaren Optimismus des Menschengeschlechtes gibt.

Der Mensch, der zum Gärtner wurde, sucht mit Vorliebe »Alte Augenzeugen« auf. Das sind zumeist ältere und etwas zerstreute Leute, die jedes Frühjahr erklären, sich an ein solches Frühjahr nicht erinnern zu können. Ist es kühl, sagen sie, einen solchen kühlen Frühling noch nie erlebt zu haben (»ich erinnere mich, einmal, es ist schon an die sechzig Jahre her, da war es so warm, daß zu Lichtmeß die Veilchen blühten«). Ist es dagegen etwas wärmer, behaupten die Augenzeugen, sich an einen solchen warmen Frühling nicht erinnern zu können (»einmal, es ist schon an die sechzig Jahre her, konnten wir zu Joseph noch rodeln«). Kurzum, auch aus den Aussagen dieser alten Augenzeugen geht hervor, daß, was das Wetter anbelangt, in unserem Klima einfach die entfesselte Willkür herrscht, wogegen man rein nichts tun kann.

Ja, es läßt sich wirklich nichts tun; wir haben Mitte März, und im vereisten Garten liegt noch Schnee. Möge Gott den Blumen der Gärtner gnädig sein!

Das Geheimnis, wie sich die Gärtner gegenseitig erkennen, verrate ich euch nicht, sei es nun am Geruch, an irgendeinem Losungswort oder einem geheimen Zeichen. Aber Tatsache bleibt, daß sie einander bei einer Begegnung gleich zu erkennen pflegen, ob es nun in den Gängen des Theaters, beim Tee oder im Wartezimmer eines Arztes ist. Mit dem ersten Satz, den sie sprechen, tauschen sie ihre Ansichten über das Wetter aus (»nein, mein Herr, an so einen Frühling kann ich mich überhaupt nicht erinnern«), worauf sie zur Frage der Feuchtigkeit übergehen, zu den Georginen, den Kunstdüngemitteln, einer holländischen Lilie (»verflixt noch einmal, wie heißt sie denn nur, na, das ist ja alles eins, ich gebe Ihnen eine Zwiebel davon«), zu den Erdbeeren, den amerikanischen Preislisten, den Schäden, die der heurige Winter verursacht hat, zur Schildblattlaus, zu den Astern und anderen ähnlichen Themen. Es scheint nur so, daß man zwei Männer im Smoking im Wandelgange eines Theaters vor sich habe; in einer tieferen und echteren Wirklichkeit sind es zwei Gärtner mit Spaten oder Gießkanne in der Hand.

Wenn eine Uhr stehenbleibt, zerlegt man sie und trägt sie dann zum Uhrmacher; wenn jemand mit seinem Auto steckenbleibt, hebt er die Motorhaube hoch, steckt die Finger hinein und ruft dann einen Monteur. Mit allem, was es auf dieser Welt gibt, weiß man sich Rat, alles kann man richten und verbessern – nur mit dem Wetter läßt sich nichts anfangen. Da hilft kein Eifer und kein Größenwahn, keine Neuerungssucht, kein Vorwitz und kein Lästern; die Knospe springt auf, der Keimling sprießt hervor, wenn ihre Zeit und ihr Gesetz erfüllt sind. Da wirst du dir demütig der Machtlosigkeit des Menschen bewußt, begreifst, daß die Geduld die Mutter aller Weisheit ist.

Im übrigen läßt sich nichts anderes tun.

Knospen

HEUTE, am 30. März, um 10 Uhr vormittags, öffnete sich hinter meinem Rücken die erste Blüte der Forsythia. Drei Tage bewachte ich ihre größte Knospe, die einer kleinen goldenen Hülse ähnelt, um nur ja diesen historischen Augenblick nicht zu versäumen; er trat ein, während ich zum Himmel hinaufsah, ob es regnen werde. Morgen schon werden die Gerten der Forsythien mit goldenen Sternen besät sein. Es läßt sich nicht aufhalten. Am meisten beeilten sich natürlich die Fliedersträucher; ehe man sich besinnt, haben sie eine Unzahl zarter Blättchen angesetzt. Einen Fliederstrauch, Mensch, kannst du nicht behüten. Auch die Goldtraube entfaltet ihre bezähnten und gezackten Krausen. Aber die übrigen Sträucher warten noch auf irgendein befehlendes »Jetzt«, das aus der Erde oder vom Himmel tönt; im selben Augenblick öffnen sich alle Knospen – der Frühling ist da.

Dieses Ausschlagen gehört zu den Erscheinungen, die wir Menschen »einen Vorgang, einen Marsch der Natur« nennen; nur, daß das Ausschlagen ein wirklicher Marsch ist. Auch die Verwesung ist ein Naturvorgang, doch gemahnt er uns keineswegs an einen hübschen Marsch; ich wollte kein »*Tempo di marcia*« zum Vorgang der Verwesung komponieren. Wäre ich jedoch Musiker, würde ich »einen Marsch der Knospen« komponieren: zuerst liefe ein leichter Marsch der Fliederbataillone, dann käme der Marschtakt der Johannisbeersträucher daran, hierauf fiele der schwere Taktlauf der Birnen- und Apfelknospen ein, während das junge Gras auf allen Saiten, die man auftreiben könnte, klimperte und wisperte. Und bei dieser Orchesterbegleitung würden die Regimenter der prächtigen

Knospen vorbeimarschieren, unaufhaltsam im »herrlichen Aufmarsche« nach vorn jagend, wie man es von Militärparaden sagt. Eins, zwei, eins, zwei: Herrgott, das wäre ein Marsch!

Man behauptet, daß im Frühling die Natur zu grünen beginne; so ganz stimmt das nicht, denn durch die bräunlichen und rosa Knospen beginnt sie sich auch zu röten. Es gibt dunkel purpurrote und zart rötliche Knospen, andere sind braun und klebrig wie Harz, wieder andere sind weißlich wie das Fell am Bauche einer Häsin; aber es gibt auch violette und helle Knospen oder dunkle wie altes Leder. Aus manchen ragen zipflige Säumchen auf, andere ähneln Fingern oder Zungen, andere wieder Warzen. Manche quellen fleischig auf, mit Flaum bewachsen und dick wie junge Hunde, andere sind zu einer festen und schmalen Spitze ausgezogen, wieder andere öffnen sich zu bauschigen und zarten Büscheln. Ich sage euch, Knospen sind genauso merkwürdig und mannigfaltig wie Blätter oder Blüten. Nie wird man fertig mit dem Entdecken neuer Unterschiede. Aber ihr müßt euch ein kleines Plätzchen Erde aussuchen, um sie zu finden. Wenn ich zu Fuß bis nach Beneschau liefe, würde ich ein kleineres Stück vom Frühling sehen, als wenn ich mich im Garten niederhockte. Stehenbleiben müßt ihr: dann seht ihr geöffnete Lippen und heimliche Blicke, zarte Finger und gezückte Waffen, die Schwächlichkeit eines Neugeborenen und den trotzigen Schwung des Lebenswillens; und da hört ihr leise den unendlichen Marsch der Knospen dröhnen.

So! Während ich dies schrieb, ertönte anscheinend jenes geheimnisvolle »Jetzt«. Die Knospen, am Morgen noch mit festen Wickeln umgeben, schoben die zarten Spitzen der Blättchen heraus, an den Gerten der Forsythia er-

strahlten goldene Sternchen; die prallen Knospen der Birnen öffneten sich ein wenig, und an den Spitzen ich weiß nicht welcher Knospen glänzten goldgrüne Augen. Aus den klebrigen Hüllen guckt junges Grün hervor, dicke Knospen springen auf, und ein Filigran von Zäckchen und Fältchen drängt sich heraus. Schäme dich nicht, rotes Blättchen, öffne dich, gefalteter Fächer, strecke dich, beflaumter Schläfer: der Befehl zum Aufbruch ward schon gegeben. Tönet, Fanfaren des ungeschriebenen Marsches! Blitze auf in der Sonne, goldenes Blech, dröhnet, ihr Trommeln, pfeifet, ihr Flöten, vergießt euren Sprühregen, unzählige Geigen; denn das stille, braune und grüne Gärtchen hat seinen Siegesmarsch angetreten.

Der Gärtner im April

APRIL, das ist der richtige und gesegnete Monat des Gärtners. Die Verliebten sollen uns ungeschoren lassen mit ihrem gepriesenen Mai; im Mai blühen die Bäume und Blumen nur, aber im April schlagen sie aus; glaubet mir, dieses Keimen und Ausschlagen, diese Knospen, Knösplein und Keimlinge sind das größte Wunder der Natur – nicht ein Wort verrate ich mehr von ihnen. Hockt euch nur selber nieder, grabt selber mit dem Finger im lockeren Boden und – haltet den Atem an, denn der besagte Finger berührt einen zarten, vollen Keimling. Das läßt sich nicht schildern, genauso wie man Küsse nicht schildern kann und noch einige wenige andere Dinge.

Weil wir schon von diesem zarten Keimling sprechen: niemand weiß eigentlich, wie das kommt, aber es geschieht auffallend häufig: tritt man in ein Beet, um ein Ästchen aufzuklauben oder den verflixten Löwenzahn auszujäten, tritt man gewöhnlich auf die unterirdischen Teile einer Lilie oder einer Trollblume. Es knackt nur so unter dem Fuß, daß man vor Schreck und Scham erstarrt; in diesem Augenblick hält man sich für ein Ungeheuer, unter dessen Hufen kein Gras mehr wächst. Oder man lockert mit unendlicher Vorsicht die Erde im Beete auf mit dem verbürgten Ergebnis, entweder mit der Hacke eine keimende Zwiebel zu zerhacken oder mit dem Spaten glatt die Keimlinge der Anemonen abzuschneiden; weicht man erschrocken zurück, zertritt man sicher mit seiner Flosse eine blühende Primel oder bricht einen jungen Trieb des Rittersporns ab. Je größer die Vorsicht ist, mit der man arbeitet, um so größer der Schaden, den man anrichtet. Erst Jahre der Praxis lehren einen die mystische und rohe Sicherheit eines echten Gärtners, der weiß Gott wohin tritt und dabei doch nichts zertritt; und wenn schon, so macht er sich wenigstens nichts daraus. Doch das nur nebenbei.

Der April ist nicht nur der Monat des Ausschlagens, sondern auch der des Aussetzens. Mit Begeisterung, ja mit einer wilden Begeisterung und Ungeduld habt ihr bei den Gärtnern Setzlinge bestellt, ohne die ihr nicht länger leben könnt. Alle Freunde, die Gärtner sind, ginget ihr um Ableger an; nie, sage ich, habt ihr an dem genug, was ihr schon besitzt. Und so kommen daheim eines Tages an die hundertsiebzig Setzlinge zusammen, die in die Erde

wollen; im selben Augenblick blickt ihr im Garten umher und erkennt mit niederschmetternder Gewißheit, daß ihr keinen Platz für sie habt.

Im April ist der Gärtner also ein Mensch, der mit welkenden Setzlingen in der Hand zwanzigmal um seinen Garten herumläuft und ein Fleckchen Erde sucht, auf dem noch nichts wächst. »Nein, da ist kein Platz«, brummt er leise, »hier habe ich die verfluchten Chrysanthemen, da würden sie wieder die Flammenblume ersticken, und hier ist die Pechnelke, hol sie der Teufel! Hm, da machen sich die Glockenblumen breit, und bei dieser Schafgarbe dort ist auch nichts frei – wohin gebe ich sie nur? Warte einmal, hierher – nein, da ist schon das Fingerkraut; oder dorthin –

dort ist wieder die Dotterblume. Hier wäre ein Plätzchen, doch da ist alles voll von Tradeskantien; und da – was kommt denn da heraus? Das möchte ich doch gern wissen. Aha, hier ist ein winziges Plätzchen. Warte, Setzling, gleich werde ich dir aufbetten. So, siehst du, und jetzt wachse mit Gottes Hilfe.«

Ja, aber nach zwei Tagen bemerkt der Gärtner, daß er ihn gerade in die purpurrot hervorsprießende Nachtkerze hineingesetzt hat.

Der Gärtner-Mensch ist ein Produkt der Kultur und keinesfalls einer natürlichen Entwicklung. Wäre er nämlich von Natur aus entstanden, sähe er anders aus; vor allem hätte er Beine wie ein Käfer, um nicht hocken zu müssen, und besäße Flügel, einerseits der Schönheit wegen, andererseits, um über seinen Beeten schweben zu können. Wer es nicht erlebt hat, ahnt nicht, wie die Beine dem Menschen hinderlich sein können, wenn er nicht weiß, wo er sie hinstellen soll, wie überflüssig lang sie sind, wenn man sie unter sich zusammenlegen muß, wie unmöglich kurz sie sind, wenn man das andere Ende des Beetes erreichen will, ohne dabei auf das Pölsterchen des Mutterkrauts oder einer aufschießenden Akelei zu steigen. Da möchte man am liebsten an einem Riemen angeschnallt sein und sich über den Kulturen hin und her bewegen können, oder wenigstens vier Hände haben und darauf einen Kopf mit einer Mütze und sonst nichts; oder ausziehbare Gliedmaßen, ähnlich einem photographischen Stativ. Da jedoch der Gärtner äußerlich ebenso unvollkommen erschaffen ist wie ihr andern, bleibt ihm nichts andres übrig als zu zeigen, was er kann: auf der Spitze eines Fußes balancieren, wie eine zaristische Balletteuse schweben, die Beine vier Meter weit grätschen, leicht wie ein Schmetterling oder eine Bachstelze den Boden berühren, auf einem Quadratzoll Platz haben, allen Gesetzen von den geneigten Körpern zum Trotz das Gleichgewicht erhalten, alles erreichen und allem ausweichen und zu alledem noch bemüht sein, eine gewisse Würde zu wahren, damit ihn die Leute nicht auslachen. Allerdings bei einem flüchtigen Blick aus der Ferne seht ihr vom Gärtner nichts als das Hinterteil; alles übrige, wie der Kopf, die Hände und die Beine, befinden sich einfach unter ihm.

Danke der Nachfrage; es ist schon eine ganze Menge: Narzissen, Hyazinthen und Tazetten, Stiefmütterchen, Frühlingsvergißmeinnicht, Steinbrech, Dickblatt, Gänsekresse und Gemskresse, Himmelsschlüssel und Früh-

lingserika, und was erst noch morgen oder übermorgen aufblüht, da werdet ihr Augen machen!

Natürlich, schauen kann ein jeder. »Ach, ist das aber eine hübsche lila Blume«, sagt so ein Laie, worauf ihm der Gärtner etwas beleidigt erwidert: »Das ist doch eine *Petrocallis pyrenaica.*« Denn der Gärtner hält auf Namen; eine Blume ohne Namen ist, um es platonisch auszudrücken, eine Blume ohne metaphysische Idee; kurzum, es mangelt ihr die echte und vollwertige Wirklichkeit. Eine namenlose Blume ist Unkraut; eine Blume mit einem lateinischen Namen ist sozusagen in den Stand der Fachkenntnis erhoben. Wächst eine Brennessel im Beet und steckt man ein Täfelchen mit der Bezeichnung *»Urtica dioica«* dazu, beginnt man sie zu schätzen, ja sogar den Boden ringsum zu lockern und ihn ein wenig mit Chilesalpeter zu düngen. Wenn ihr mit einem Gärtner redet, fragt ihn immer: »Wie heißt diese Rose?« Worauf er euch erfreut antwortet: »Das ist eine Burmeester van Tholle und die dort eine Madame Claire Mordier«, und dabei hält er euch noch für anständige und gebildete Menschen. Übrigens, hasardiert nie selber mit Namen; sagt zum Beispiel nicht: »Da blüht ja eine hübsche Arabis«, weil euch dann der Gärtner zornig grollend erwidern kann: »Aber keine Idee, das ist doch eine *Schievereckia Bornmülleri!*« Es ist zwar fast dasselbe, aber Name ist Name; und wir Gärtner halten auf einen guten Namen. Deshalb hassen wir auch Kinder und Amseln, weil sie uns die eingesteckten Namenstäfelchen herausziehen und durcheinanderbringen. Dann kann es nämlich vorkommen, daß wir mit Erstaunen zeigen: »Schauen Sie sich mal diesen Goldregen da an, der blüht genauso wie Edelweiß – das dürfte eine lokale Spielart sein; und doch ist es bestimmt Goldregen, es steckt doch mein eigenes Täfelchen daneben.«

Feiertag

... ICH aber werde absichtlich nicht den Feiertag der Arbeit besingen, sondern den Feiertag meines Privateigentums. Und wenn es nicht gerade regnet, werde ich ihn, auf den Hinterbeinen hockend, feiern und sagen: »Warte mal, ich gebe dir ein wenig Torf zu, und dieses Wasserreis schneide ich auch weg; und du möchtest tiefer in die Erde, nicht wahr?« Und das Steinkraut erwidert, daß es das wohl möchte, worauf ich es tiefer in die Erde einsetze. Dann ist meine Erde, und zwar wortwörtlich, mit Schweiß und Blut getränkt; schneidet man ein Zweiglein oder einen Trieb ab, schneidet man sich dabei fast immer in den Finger, der auch nur ein Zweiglein oder ein Trieb ist. Der Mensch, der einen Garten besitzt, wird unwiderruflich zu einem Privateigentümer; dann wächst dort nicht eine Rose, sondern *seine* Rose, dann sieht und stellt er nicht fest, daß die Kirschbäume bereits blühen, sondern *seine* Kirschbäume. Der Mensch, der Eigentümer ist, kommt in eine gewisse Wechselbeziehung zu seinen Mitmenschen, zum Beispiel, was das Wetter betrifft; er sagt: »Jetzt könnte uns schon der Regen verschonen«, oder: »Da haben wir es hübsch feucht.« Gleichzeitig aber macht sich bei ihm eine nicht minder starke Abgeschlossenheit bemerkbar; so findet er, daß die Bäume des Nachbargartens im Gegensatz zu seinen Bäumen die reinsten Sträucher und Besen sind, oder er stellt fest, daß sich diese Quitte viel besser in seinem Garten als in dem des Nachbarn ausnehmen würde, und so weiter. Es ist somit sicher, daß das Privateigentum gewisse klassenmäßige und kollektive Interessen hervorbringt, zum Beispiel in bezug auf das Wetter; aber es steht ebenso fest, daß dadurch furchtbar starke egoistische, privatunternehmerische Besitztriebe geweckt werden. Der Mensch ginge zweifellos für die Wahrheit in den Kampf, aber noch bereitwilliger und wilder täte er es für seinen Garten. Ein Mensch, der einige Quadratmeter Boden besitzt und darauf anbaut, wird tatsächlich zu einer Art konservativem Wesen, da er von tausendjährigen Naturgesetzen abhängig ist; man kann tun, was man will, keine Revolution beschleunigt die Zeit des Keimens und läßt den Flieder vor Mai erblühen. Da wird denn der Mensch weise und unterwirft sich den Gesetzen und Gewohnheiten.

Dir, Alpenglockenblume, grabe ich dann ein tieferes Lager. Arbeit! Auch dieses Herumtändeln mit dem Finger kann man Arbeit nennen, strengt man doch dabei fürwahr den Rücken und die Knie an. Aber es geht gar nicht um die Arbeit, sondern um die Glockenblume; man arbeitet nicht, weil es schön ist oder adelt oder gesund macht, sondern damit die Glockenblume gedeihe und der Steinbrech sich zu einem hübschen Pölsterchen auswachse. Willst du schon etwas feiern, solltest du nicht diese deine Arbeit feiern, sondern die Glockenblume oder den Steinbrech, für die du sie tust. Und stündest du, statt Artikel und Bücher zu schreiben, am Webstuhl oder an der Drehbank, würdest du die Arbeit nicht um der Arbeit willen tun, sondern weil du dafür Selchfleisch und Erbsen bekommst oder weil du einen Haufen Kinder hast und leben willst. Und deshalb solltest du heute Selchfleisch mit Erbsen, die Kinder, das Leben und all das feiern, was du für deine Arbeit kaufst und mit deiner Arbeit bezahlst. Oder solltest das feiern, was du mit deiner Arbeit schaffst. Die Straßenwärter hätten nicht nur ihre Arbeit zu feiern, sondern auch die Straßen, die sie durch sie erhalten; und die Textilarbeiter sollten am Feiertag der Arbeit vor allem die Kilometer Zwillich und Kanevas feiern, die sie in der Maschine gewebt haben. Man nennt ihn Feiertag der Arbeit und keineswegs Feiertag der Leistung, und doch sollte man eher darauf stolz sein, was man geleistet hat, als darauf, daß man überhaupt arbeitet.

Ich fragte einmal einen, der den seligen Tolstoi besuchte, wie die Stiefel aussahen, die sich Tolstoi selbst genäht hatte. Angeblich wären sie außerordentlich schlecht gewesen. Wenn der Mensch arbeitet, so soll er es deshalb tun, weil es ihm Freude bereitet, weil er es kann, oder schließlich, um zu leben; aber aus Prinzip Stiefel nähen, aus Prinzip oder aus Tugend arbeiten, heißt eine Arbeit leisten, die nicht viel wert ist. Meiner Meinung nach sollte der Feiertag der Arbeit im Lobpreisen der menschlichen Geschicklichkeit und all der Vorteile und Handgriffe gipfeln, die jene anwenden, welche die Arbeit richtig anzupacken verstehen. Feierten wir heute alle tüchtigen und bewanderten Schlaumeier und Kerle der Welt, würde dieser Tag besonders fröhlich ausfallen; das wäre dann wirklich ein Feiertag, ein Wallfahrtstag des Lebens, der Feiertag aller tüchtigen Burschen.

Gut, aber dieser Feiertag der Arbeit ist ein ernster und strenger Tag. Mach dir nichts daraus, kleines Blümlein der Frühlingsflammenblume, und öffne deinen ersten rosigen Kelch.

Der Gärtner im Mai

SEHT ihr, vor lauter Sorgen mit dem Auflockern und dem Umgraben, mit dem Aussetzen und Beschneiden haben wir fast die größte Freude und den besonderen Stolz des Gärtners vergessen, sein Felsengärtlein oder Alpinum. Wahrscheinlich nennt man es deshalb Alpinum, weil dieses Fleckchen Garten seinem Züchter einen halsbrecherischen Alpinismus zu betreiben ermöglicht; will er zum Beispiel dort zwischen diese beiden Steine ein kleines Mannsschild einsetzen, muß er den einen Fuß ganz leicht auf diesen Stein stellen, der ein wenig locker sitzt, während er den andern schwebend in der Luft balanciert, um nicht das Pölsterchen dieses *Erysimum* oder des blühenden Felsensteinkrauts zu zertreten. Er muß die kühnsten Grätschen, Hocken, Drehungen, Haltungen, Stellungen, Sprünge, Ausfälle, Rumpfbeugen, Griffe und Übungen anwenden, um zwischen den malerisch aufgeschichteten und nicht gerade fest sitzenden Steinen seines Felsengärtleins pflanzen, auflockern, herumstochern und jäten zu können.

Die Pflege eines Felsengärtleins entpuppt sich demnach als ein aufregender und schwieriger Sport. Aber außerdem bietet es unzählige begeisternde Überraschungen, wenn man etwa in der schwindelnden Höhe des Ellbogens einen blühenden Busch von weißlichem Edelweiß, eine Gletschernelke oder irgendein anderes Kind der Hochgebirgsflora, wie man sie nennt, im Fels entdeckt. Doch was soll ich euch hier erzählen; wer sie nicht mühsam aufgezogen hat, all diese Miniaturglockenblumen, Steinbrech, Pechnelken, Alpenehrenpreis, Sandkraut, Felsenblümchen und Schleifenblumen, Steinkraut, Alpendotterblume, Silberwurz, Heiderich, Berghauswurz und Fetthenne, Lavendel, Fingerkraut, Glockenblume und Kamille, Alpengänsekresse, Gipskraut, Becherglocke und die verschiedenen Zwergschwertlilien, Thymians, olympisches Hartheu und das orangefarbige Habichtskraut und Heideröschen, Enzian, Alpenhornkraut, Berggrasnelke und Leinkraut, nicht zu vergessen die Alpenaster, den niedrigen Beifuß, Leberbalsam, Wolfsmilch, Seifenkraut, Reiherschnabel, Gemskresse, Mauerraute, Hirtentäschelkraut, noch das Löwenmaul, die Bergsamenblume und unzählige andere wunderhübsche Blümchen, wie zum Beispiel Steintäschel, Steinsame, Bärenschote und andere, nicht minder wichtige, wie die Schlüsselblume, das Alpenveilchen usw. – wer also all das nicht großgezogen hat, ungeachtet vieler anderer, von denen ich wenigstens noch Lotwurz, Stachelnüßchen, Schnabelsame, Mastkraut und Felsmiere nenne, der soll nicht von den Schönheiten dieser Welt sprechen, denn er sah nicht das Lieblichste, das diese rauhe Erde in einem zärtlichen Augenblick (vor bloß einigen hunderttausend Jahren) hervorgebracht hat. Wenn ihr so ein Pölsterchen des *Dianthus Musalae* sähet, besät mit den allerrosigsten Blüten, die man sich nur –

Doch was soll ich euch erzählen; nur die Züchter von Felsengärtchen kennen dieses Entzücken eines Sektierers.

Ja, denn der Züchter eines Felsengärtchens ist nicht nur Gärtner, sondern auch Sammler, und zählt dadurch zu den schweren Monomanen. Zeigt ihm nur zum Beispiel, daß bei euch die *Campanula Morettiana* gedeiht, und er wird sie in der Nacht, mordend und schießend, stehlen kommen, denn er kann nicht mehr ohne sie leben; ist er zu feig oder zu dick zum Stehlen, wird er weinen und betteln, ihr sollt ihm wenigstens von ihr, und sei es auch nur den allerkleinsten Ableger, geben. Seht ihr, das kommt davon, wenn ihr vor ihm mit euren Schätzen prahlt und großtut.

Oder es ereignet sich, daß er in einer Gärtnerei einen Blumentopf ohne Namenstäfelchen findet, aus dem etwas Grünliches hervorsprießt. »Was haben Sie denn da?« geht er den Gärtner an.

»Das?« meint der Gärtner verlegen, »das ist irgendeine Glockenblume, ich weiß selber nicht, welche –«

»Geben Sie mir sie«, sagt der Monomane, Gleichgültigkeit vortäuschend.

»Nein«, entgegnet der Gärtner, »die verkaufe ich nicht.«

»Aber schauen Sie«, beginnt der Monomane eindringlich, »ich kaufe doch schon so lange bei Ihnen, nun sagen Sie selbst, was liegt Ihnen schon daran, nicht?«

Nach vielem Reden, nachdem er bereits fortgegangen und wieder zu dem rätselhaften und namenlosen Blumentopf zurückgekehrt war und sichtlich zu erkennen gegeben hatte, daß er ohne ihn auf keinen Fall weggehen würde, und wenn er hier neun Monate herumstreichen müßte, nachdem er sämtliche Sammlerkniffe und Überredungskünste angewendet hatte, trägt der Züchter des Felsengärtchens schließlich die geheimnisvolle Glockenblume nach Hause, sucht ihr das beste Plätzchen in seinem Alpengärtchen aus, setzt sie mit unendlicher Zärtlichkeit ein und geht sie täglich begießen und bespritzen, mit jener Aufmerksamkeit, wie sie nur so eine Kostbarkeit verdient. Und die Glockenblume wächst wirklich wie besessen.

»Da sehen Sie mal her«, zeigt der stolze Besitzer sie seinen Gästen, »das ist eine besondere Art von Glockenblume. Niemand konnte sie noch bestimmen; ich bin neugierig, wie sie blühen wird.«

»Das ist eine Glockenblume?« fragt der Gast. »Das hat ja fast Blätter wie der Meerrettich.«

»Was fällt Ihnen ein«, erwidert der Besitzer. »Meerrettich hat doch viel größere und nicht so glänzende Blätter. Es ist bestimmt eine Glockenblume; aber vielleicht ist es«, fügt er bescheiden hinzu, »eine *species nova.*«

Infolge der vielen Feuchtigkeit wächst die betreffende Glockenblume mit staunenerregender Schnelligkeit. »Sehen Sie mal her«, sagt ihr Besitzer. »Sie meinten unlängst, es wären Blätter wie vom Meerrettich. Haben Sie schon jemals einen Meerrettich mit solchen Riesenblättern gesehen? Mein Lieber, das ist irgendeine *Campanula gigantea*, die wird Blüten haben so groß wie ein Teller.«

Schließlich beginnt diese einzigartige Glockenblume einen Stengel in die Höhe zu treiben, und darauf – nun ja, es ist doch nur Meerrettich; der Teufel mag wissen, wie der zum Gärtner in den Blumentopf gekommen ist!

»Hören Sie mal«, fragt der Gast einige Zeit später, »wo haben Sie denn die Riesenglockenblume? Blüht sie noch nicht?«

»Nein, die ist mir eingegangen. Sie wissen ja, solche heiklen und kostbaren Arten – Es war höchstwahrscheinlich irgendeine Hybride.«

Mit dem Bestellen von Blumen ist es überhaupt ein Kreuz. Im März erledigt der Gärtner die Bestellung meistens nicht, weil es gewöhnlich friert und die Kulturen noch nicht herausgekommen sind, im April erledigt er sie ebenfalls nicht, weil er zu viel Bestellungen hat, und im Mai erledigt er sie wieder nicht, weil er größtenteils ausverkauft hat. »Himmelsschlüssel habe ich nicht mehr, wenn Sie aber wollen, gebe ich Ihnen diese Königskerzen, die blühen auch gelb.«

Manchmal aber kommt es doch vor, daß die Post den Korb mit den bestellten Kulturen bringt. Hurra! Gerade für dieses Beet hier brauchen wir etwas sehr Hohes zwischen dem Eisenhut und dem Rittersporn; wir geben diesen *Dictamnus* hin, auch Hirschkraut oder Brennender Strauch genannt, gewiß; der Setzling, den wir bekommen haben, ist zwar sehr klein, aber er wird rasch wachsen.

Ein Monat vergeht, aber der Setzling will nicht in die Höhe gehen; es sieht wie niedriges Gras aus – wäre es nicht ein *Dictamnus*, bei Gott, man könnte glauben, es sei ein *Dianthus*. Wir müssen ihn ordentlich begießen, damit er wächst; er bekommt ja auch irgendwelche rosa Blüten –

»Sehen Sie mal her«, wendet sich der Gartenmann an den erfahrenen Gast, »das ist ein niedriger *Dictamnus*, nicht wahr?«

»Sie wollten sagen *Dianthus*«, verbessert der Gast.

»Natürlich, *Dianthus*«, sagt der Hausherr rasch, »ich habe mich nur versprochen; ich dachte nämlich gerade, daß sich zwischen den hohen Perennen ein *Dictamnus* besser ausnehmen würde, meinen Sie nicht auch?«

Jedes Handbuch für Gärtner besagt, daß »man sich Kulturen am besten aus Samen beschafft«. Aber es erwähnt nicht, daß die Natur, soweit es die Samen betrifft, ihre eigenen Gewohnheiten hat. Es ist nämlich ein Naturgesetz, daß entweder kein einziger von den angebauten Samen aufgeht oder alle auf einmal. »Hier würde eine dekorative Distel gut herpassen, zum Beispiel so eine Kratzdistel oder Krebsdistel.« Und schon kauft man von jedem ein Säckchen voll, setzt aus und freut sich, wie schön die Samen keimen werden. Nach einiger Zeit muß man sie auseinandersetzen; und der Gärtner jubelt, daß er hundertsechzig Töpfe mit üppigen Sämlingen hat, und meint, dieses Züchten aus Samen sei doch noch das beste.

Dann sollen die Sämlinge in die Erde kommen; was aber fängt der Mensch mit hundertsechzig Disteln an? Schon hat er jedes freie Plätzchen ausgenützt, und noch immer bleiben mehr als hundertdreißig übrig; soll er sie auf den Mist werfen, wo er sich so viel Mühe mit ihnen gegeben hat?

»Herr Nachbar, wollen Sie nicht ein paar Sämlinge der Kratzdistel? Sie ist wirklich sehr dekorativ.«

»Meinetwegen.«

Gott sei Dank, der Herr Nachbar bekam dreißig Sämlinge, mit denen er jetzt verlegen im Garten herumläuft und einen Platz sucht, wo er sie einsetzen könnte. Bleibt noch der Nachbar von links und von gegenüber.

Gott helfe ihnen, bis die zwei Meter hohen dekorativen Disteln herangewachsen sind!

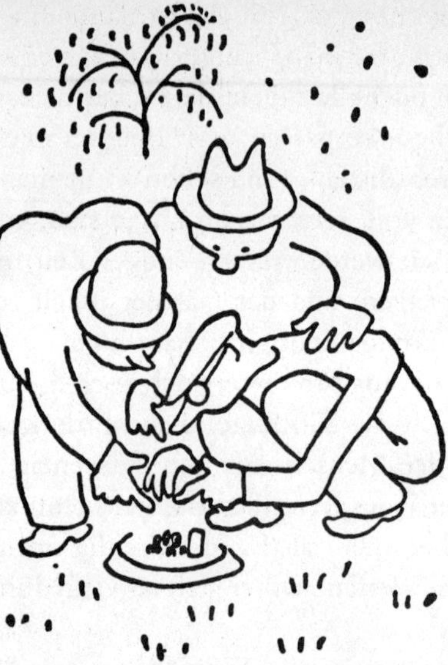

Gesegneter Regen

WAHRSCHEINLICH hat jeder von uns ein Stück Bauer in sich, auch wenn weder Pelargonien noch Meerzwiebeln an unseren Fenstern wachsen. Sobald aber eine Woche lang die Sonne scheint, beginnen wir sorgenvoll zum Himmel zu blicken und zu Bekannten, denen wir begegnen, zu sagen: »Regnen sollte es.«

»Ja, das sollte es«, meint der andere Städter darauf. »Ich war unlängst am Belvedere, dort ist es schon so trocken, daß die Erde springt.«

»Und ich fuhr unlängst mit der Bahn nach Kolin«, sagt der erste. »Ich glaube, es ist furchtbar trocken.«

»Ordentlich regnen sollte es«, seufzt der zweite.

»Wenigstens drei Tage lang«, fügt der andere hinzu.

Indes brennt die Sonne, in der Stadt beginnt es nach erhitztem Menschenfleisch zu riechen, in der Straßenbahn gerät die menschliche Körperfülle melancholisch in Schweiß, die Leute sind gereizt und irgendwie ungesellig.

»Ich glaube, es wird regnen«, sagt ein verschwitztes Wesen.

»Es sollte«, stöhnt das zweite.

»Wenigstens eine Woche lang sollte es regnen«, sagt das erste, »das täte dem Gras und allem andern gut.«

»Es ist zu trocken«, meint das zweite.

Inzwischen brütet schwül die Sonnenhitze, schwere Spannung gärt in der Luft, Gewitter wälzen sich am Himmel hin, bringen aber weder der Erde noch den Menschen Erleichterung. Ein andermal wieder dröhnen die Gewitter am Himmel, weht der mit Wasser gesättigte Wind, und schon fängt es an: in Strömen prasselt der Regen auf das Pflaster nieder, die Erde seufzt geradezu laut auf, das Wasser rauscht, trommelt, peitscht, klirrt gegen das Fenster, klopft mit tausend Fingern in den Dachtraufen, läuft in Rinnsalen ab und gluckst in den Pfützen; und der Mensch möchte vor Freude laut aufschreien, steckt den Kopf aus dem Fenster, um ihn von der himmlischen Nässe abkühlen zu lassen, pfeift, lärmt und würde sich am liebsten barfuß in die gelben Sturzbäche hineinstellen, die durch die Straßen treiben. Gesegneter Regen, kühlende Wonne des Wassers, bade meine Seele und wasche mein Herz rein, glitzerndes, kaltes Naß. Die Hitze hat mich böse gemacht, böse und faul; faul und schwerfällig, stumpf, massig und egoistisch; ich verdorrte in der Trokkenheit und erstickte an der inneren Schwere und dem

Mißbehagen. Klinget, silberne Küsse, durch die die durstige Erde den Aufschlag der Tropfen empfängt! Rausche, wehender Wasserschleier, der alles rein wäscht! Kein Sonnenwunder kommt dem Wunder des gesegneten Regens gleich. Laufe, trübes Wässerchen, durch die kleinen Rinnen der Erde, tränke und durchdringe den lechzenden Boden, der uns gefangen hält. Alle haben wir aufgeatmet, das Gras, ich, die Erde, alle; so ist uns wohl.

Der rauschende Guß hat aufgehört, als hätte man an einer Leine gezogen; die Erde erglänzt im silbrigen Dunst, im Gebüsch wird eine Amsel laut und führt sich wie verrückt auf; auch wir würden es tun, indes aber treten wir barhäuptig vors Haus und atmen die frische, funkelnde Feuchtigkeit der Luft und der Erde ein.

»Ein schöner Regen«, sagen wir.

»Schön«, sagen wir, »aber es sollte noch mehr regnen.«

»Ja, das sollte es«, antworten wir, »aber auch das war ein gesegneter Regen.«

Eine halbe Stunde später regnet es wieder in langen, dünnen Fäden; das ist der richtige, sanfte, gute Regen; ruhig und breit regnet die Fruchtbarkeit. Das ist nicht mehr die spritzende und strömende Flut, sondern ein sanft rauschender, luftiger, stiller Strichregen. Von dir, sanftes Naß, geht nicht ein Tropfen verloren. Doch die Wolken teilen sich, und durch die dünnen Fäden dringen die Sonnenstrahlen; die Fäden reißen, der Strichregen hört auf, und die Erde atmet warme Feuchtigkeit aus.

»Das war ein richtiger Mairegen«, freuen wir uns, »jetzt wird alles schön grün werden.«

»Noch ein paar Tropfen«, sagen wir, »und dann genug.«

Die Sonne stemmt sich kraftvoll gegen die Erde, dem

feuchten Boden entströmt heiße Glut; man atmet schwer und drückend wie in einem Treibhaus. In dem einen Himmelswinkel ballen sich von neuem Gewitterwolken zusammen. Man atmet den heißen Dampf ein, schwere Tropfen fallen zur Erde, und von irgendwo aus einer anderen Gegend weht ein mit Regenkühle gesättigter Wind. Man ermattet in der feuchten Luft wie in einem lauwarmen Bad, atmet die Wassertröpfchen ein, watet durch kleine Wasserrinnen, sieht am Himmel weiße und graue Dampfknäuel sich auftürmen, als ob sich die ganze Welt in dem warmen, weichen Mairegen auflösen wollte. »Es sollte noch regnen«, sagen wir.

Der Gärtner im Juni

DER Juni ist die Hauptzeit des Grasmähens. Doch was uns städtische Gärtner betrifft, glaubt bitte ja nicht, daß wir an einem tauigen Morgen die Sense geradeklopfen und dann im offenen Hemd mit mächtigem Schwunge das glitzernde Gras mähen, daß es nur so pfeift, und dabei Volkslieder singen. Die Sache sieht etwas anders aus. Vor allem wollen wir Gärtner einen englischen Rasen haben, grün wie ein Billardtisch und dicht wie ein Teppich, einen vollendeten Rasen, einen Grasplatz ohne Makel, eine Matte wie Samt, eine Wiese wie ein Tisch. Nun, im Frühjahr stellen wir fest, daß dieser englische Rasen aus ein paar kahlen Flecken, aus Löwenzahn, Klee, Erde, Moos und einigen harten, gelblichen Grashalmen besteht. Da muß zuerst ausgejätet werden. Wir hocken uns nieder und entfernen das niederträchtige Unkraut vom Rasen, bis eine öde, zertrampelte und so kahle Erde zurückbleibt, als hätten Maurer oder eine Herde Zebras darauf herumgetanzt. Dann begießt man ihn und läßt ihn in der Sonne aufspringen; worauf wir uns entschließen, ihn doch lieber abzumähen. Ein unerfahrener Gärtner packt sich nach diesem Entschluß zusammen und sucht die nächstgelegene Peripherie auf, bis er auf einem kahlgefressenen Wiesenrain ein altes Weib mit einer Ziege antrifft, die einen Weißdornstrauch oder das Netz eines Tennisplatzes benagt.

»Liebe Frau«, sagt der Gärtner freundlich, »möchtet ihr nicht hübsches Gras für eure Ziege haben? – Bei mir könnt ihr euch abmähen, soviel ihr wollt.«

»Und was gebt ihr mir dafür?« sagt das alte Weiblein nach einigem Überlegen.

»Drei Mark«, erwidert der Gärtner und kehrt nach Hause zurück, um auf das Weiblein mit der Ziege und der Sichel zu warten. Aber das alte Weiblein kommt nicht.

Da kauft sich der Gärnter eine Sense und einen Schleifstein und erklärt, er werde niemanden bitten und sein Gras selber abmähen. Entweder aber ist die Sense so stumpf oder das städtische Gras so hart oder was immer, kurz, die Sense fängt nicht. Da bleibt nichts andres übrig, als jeden Grashalm am Ende zu packen, aufzurichten und ihn unter großem Kraftaufwand mit der Sichel durchzuschneiden, wobei man für gewöhnlich auch die Wurzeln mit herausreißt. Mit einer Schneiderschere geht es wesentlich schneller. Hat der Gärtner schließlich seinen Rasen, so gut es eben ging, kurzgeschoren, abgerupft und verwüstet, kratzt er noch ein Häuflein Heu zusammen, macht sich auf und geht das alte Weiblein mit der Ziege suchen.

»Liebe Frau«, sagt er honigsüß, »möchtet ihr nicht einen Korb voll Heu für eure Ziege wegtragen? Es ist schönes, reines Heu –«

»Und was gebt ihr mir dafür?« sagt das alte Weiblein nach einigem Nachdenken.

»Eine Mark fünfzig«, sagt der Gärtner und läuft nach Hause, um auf das alte Weiblein zu warten, das das Heu abholen soll; es wäre doch schade, so ein schönes Heu wegzuwerfen, nicht wahr?

Zum Schlusse nimmt sich der Straßenkehrer des Heues an, muß aber zwanzig Pfennig dafür bekommen. »Sie wissen ja, gnä' Herr«, meint er, »wir dürfen's nicht auf den Wagen nehmen.«

Der erfahrene Gärtner kauft sich einfach eine Mähmaschine; das ist so ein Zeug auf Rädern und macht einen

Lärm wie ein Maschinengewehr; fährt man damit übers Gras, so fliegen die Halme nur so; ich sage euch, die reinste Freude. Wenn so eine Mähmaschine ins Haus kommt, raufen sich alle Familienmitglieder, vom Großvater bis zum Enkel, darum, wer das Gras mähen wird: ein solches Vergnügen ist es, den üppigen Rasen zu schneiden. »Laßt mich«, erklärt der Gärtner, »ich zeige euch, wie man's macht.« Worauf er mit der Pose eines Maschinenführers und zugleich Pflügers über den Rasen fährt.

»Jetzt ich wieder«, bettelt das zweite Familienmitglied.

»Noch ein Stückchen«, besteht der Gärtner auf seinem Rechte und fährt von neuem lärmend und grasmähend los.

Das ist die erste feierliche Heumahd.

»Hör mal«, sagt der Gärtner nach einiger Zeit zum zweiten Familienmitglied, »möchtest du nicht die Maschine nehmen und das Gras schneiden? Das ist eine angenehme Arbeit.«

»Ich weiß«, erwidert der andere lau, »aber ich habe heute keine Zeit.«

Die Heumahd ist bekanntlich die Zeit der Gewitter. Einige Tage zuvor liegt es dräuend über Himmel und Erde; die Sonne sticht ganz abscheulich, der Boden bekommt Sprünge, und die Hunde stinken. Der Gärtner blickt sorgenvoll zum Himmel und meint, es sollte regnen. Worauf die sogenannten unheilverkündenden Wolken erscheinen und ein stürmischer Wind sich erhebt, der Staub, Hüte und welkes Laub vor sich hertreibt.

Da stürzt der Gärtner mit wehenden Haaren in den Garten, keineswegs, um wie ein romantischer Dichter den Elementen zu trotzen, sondern um alles, was im Winde schwankt, festzubinden, seine Geräte und Stühlchen wegzutragen und überhaupt allen elementaren Katastrophen die Stirn zu bieten. Während er vergebens versucht, die Stengel der Rittersporne festzubinden, fallen die ersten großen und heißen Tropfen; einen Augenblick ist es zum Ersticken, und dann bum! geht unter Donnergetöse plötzlich ein schwerer Platzregen nieder. Der Gärtner flüchtet unter einen Dachvorsprung und sieht schweren Herzens zu, wie sich der Garten unter den Hieben des Regens und des Sturmes schüttelt. Wird er am ärgsten, stürzt er wie ein Mann hinaus, der ein ertrinkendes Kind retten

will, um eine geknickte Lilie anzubinden. Um Gottes willen, so viel Wasser. Mitten hinein rasseln Hagelkörner, hüpfen am Boden herum und werden durch die Bäche von Schmutzwasser weggeschwemmt. Im Herzen des Gärtners aber ringt die Angst um die Blumen mit einer Art Begeisterung, die große Elementarerscheinungen in uns auslösen. Dann donnert es dumpfer, der Guß verwandelt sich in einen kalten Regen und verdünnt sich zu einem Streifregen. Der Gärtner läuft in den abgekühlten Garten hinaus, blickt verzweifelt auf den mit Sand vollgeschwemmten Rasen, auf die geknickten Schwertlilien und die zerstörten Beete. Kaum jedoch läßt sich die erste Amsel vernehmen, ruft er über den Zaun dem Nachbar zu: »Hallo, es sollte noch regnen, für die Bäume war es zu wenig.«

Am nächsten Tag kann man in den Zeitungen von dem katastrophalen Wolkenbruch lesen, der insbesondere auf den Saatfeldern furchtbaren Schaden angerichtet hat; aber kein Wort steht darin von dem schweren Schaden, den er unter den Lilien verursacht hat, oder gar von der Verwüstung unter dem orientalischen Mohn. Wir Gärtner werden eben immer zurückgesetzt.

Wenn es etwas nützen würde, fiele der Gärtner täglich auf die Knie und betete ungefähr so: »Herrgott, richte es so ein, daß es täglich von Mitternacht bis drei Uhr früh regne, aber langsam und warm, weißt du, damit es einsikkern kann; doch soll es dabei nicht auf die Pechnelke, das Steinkraut, Sonnenröschen, den Lavendel und andere Blümlein regnen, die dir in deiner unendlichen Weisheit als trockenliebende Pflanzen bekannt sind – wenn du willst, schreibe ich es dir auf ein Blatt Papier auf; ferner soll die Sonne den ganzen Tag über scheinen, aber nicht überallhin (zum Beispiel nicht auf den Spierstrauch und Enzian, noch auf Funkia und Rhododendron) und auch nicht zu stark; dann möge es viel Tau und wenig Wind geben, genug Regenwürmer, keine Blattläuse, Schnecken und keinen Meltau, und einmal in der Woche verdünnte Jauche mit Taubenmist regnen. Amen.« Denn – glaubt mir, so ist es im Garten des Paradieses gewesen; anders hätte es dort nicht so wachsen können, was meint ihr?

Wenn ich schon das Wort »Blattlaus« erwähne, wäre hinzuzufügen, daß man gerade im Juni die Blattläuse vertilgen soll. Es gibt zu diesem Zwecke verschiedene Pulver, Präparate, Tinkturen, Extrakte, Absude und stinkendes Zeug, Schmierseife, Arsen, Tabak und andere Gifte, die der Gärtner eines nach dem andern ausprobiert, sobald er sieht, daß sich die grünlichen und üppig vollgesaugten Blattläuse an seinen Rosenstöcken bedenklich vermehren. Wendet man diese Mittel mit einer gewissen Vorsicht und im gehörigen Maße an, wird man bemerken, daß die Rosenstöcke das Vertilgen der Blattläuse ohne Schaden überstehen, höchstens, daß die Blätter und die Knospen dabei verbrennen; was die Blattläuse betrifft, gedeihen sie während des Vertilgens in ungewöhnlichem Maß, so daß sie die Rosenzweige wie eine dichte Stickerei bedecken. Dann kann man sie – unter hörbaren Äußerungen von Abscheu – Zweig für Zweig zerdrücken. Auf diese Weise also vertilgt man die Blattläuse; aber der Gärtner riecht noch lange nachher nach Tabakabsud und Schmierseife.

Von den Gemüsezüchtern

ES gibt sicher einige, die beim Lesen dieser belehrenden Erwägungen erbittert sagen werden: »Wie, von jedem ungenießbaren Krautblatt spricht der Kerl, aber mit keinem Wort erwähnt er Möhre, Gurke, Kohlrabi, Blumenkohl, Zwiebel, Lauch und Radieschen, nicht einmal Sellerie, Schnittlauch und Petersilie, geschweige den schönen Krautkopf! Was ist das für ein Gärtner, der teils aus Stolz, teils aus Unkenntnis das Schönste, was es zu züchten gibt, vernachlässigt, wie zum Beispiel ein Salatbeet?«

Auf diesen Vorwurf erwidere ich, daß ich in einem der zahlreichen Abschnitte meines Lebens auch über einige Beete mit Möhren, Kohl, Salat und Kohlrabi gebot; ich tat das sicherlich aus einer Art Romantizismus heraus, um mir die Illusion eines Farmers zu gönnen. In absehbarer Zeit stellte sich jedoch heraus, daß ich täglich hundertzwanzig Radieschen zu verzehren gehabt hätte, weil sie im Hause niemand mehr essen wollte; in der nächsten Woche versank ich wieder in Kohl, woran sich die Orgie mit den – übrigens holzigen – Kohlrabi anschloß. Es gab Wochen, wo ich gezwungen war, dreimal täglich Salat zu kauen, um ihn nicht wegwerfen zu müssen. Ich will den Gemüsezüchtern durchaus nicht ihre Freude verderben; aber was sie sich eingebrockt haben, sollen sie auch ausessen. Wäre ich gezwungen, meine Rosen zu verspeisen oder die Blüten der Maiglöckchen abzunagen, ich glaube, ich würde die gewisse Hochachtung vor ihnen verlieren. Der Bock kann zwar zum Gärtner werden, aber der Gärtner schwerlich zum Bock, um seinen eigenen Garten aufzufressen.

Im übrigen haben wir Gärtner ohnehin genug Feinde:

die Spatzen, Amseln, Kinder, Schnecken, Schwaben und Blattläuse. Ich frage: sollen wir uns auch noch mit den Raupen verfeinden? Sollen wir auch die Kohlweißlinge gegen uns aufbringen?

Jeder träumt einmal davon, was er täte, wenn er einen Tag lang Diktator wäre. Was mich anbelangt, würde ich an diesem Tage eine Unmenge Dinge anordnen, neu gründen oder unterdrücken. Unter anderem würde ich das sogenannte Himbeeredikt erlassen. Das wäre eine Verordnung, gemäß welcher es jedem Gärtner bei Strafe des Abhackens der rechten Hand verboten wäre, Himbeeren längs des Zaunes zu pflanzen. Bedenkt doch bitte einmal, wie kommt der Nachbar dazu, daß mitten in seinen Rhododendren die unverwüstlichen Triebe der Himbeersträucher aus dem benachbarten Garten auftauchen? So ein Himbeerstrauch kriecht meterweit unter der Erde; kein Zaun, keine Mauer, kein Graben, ja nicht einmal ein Stacheldraht oder eine Warnungstafel vermögen ihn aufzuhalten. Dann wächst das Zeug mitten in euren Nelken oder Nachtkerzen, und ihr seid machtlos. Oh, mögen doch die Himbeersprößlinge mitten aus eurem Bett heraustreiben! Oh, mögen euch doch Warzen so groß wie reife Himbeeren wachsen! Wenn ihr aber ehrenwerte und ordentliche Gärtner seid, pflanzt ihr längs eurer Zäune weder Himbeeren, noch Knöterich, noch ausdauernde Sonnenblumen oder andere Pflanzen, die sozusagen das Privateigentum des Nachbarn mit Füßen treten.

Wenn ihr eurem Nachbar schon eine Freude machen wollt, pflanzt bei euren Zäunen Melonen an. Einmal wuchs aus des Nachbars Garten auf meiner Seite des Zaunes eine Melone, so riesengroß, so kanaanisch, so rekordmäßig, daß sie das Staunen einer ganzen Reihe von Journalisten, Dichtern, ja sogar Universitätsprofessoren erweckte, die nicht begreifen konnten, wie sich eine so gigantische Frucht zwischen den Zaunstäben durchzuzwängen vermochte. Nach einiger Zeit begann die betreffende Melone etwas unanständig auszusehen; wir schnitten sie ab und aßen sie zur Strafe auf.

Der Gärtner im Juli

NACH dem kanonischen Recht der Gärtner pfropft man die Rosen im Juli. Das wird gewöhnlich so gemacht: man bereitet einen wilden Rosenstock, einen Wildling, als eine Unterlage vor, auf der gepfropft werden soll; ferner eine große Menge Bast und schließlich ein Okulier- oder Baummesser. Hat er alles beisammen, prüft der Gärtner die Schärfe des Baummessers an der Innenseite des Daumens; ist das Baummesser genügend scharf, schneidet es in den Daumen ein und hinterläßt eine klaffende und blutende Wundöffnung. Um diese windet man dann einige Meter Verband, wodurch auf dem Finger eine genügend große und volle Knospe entsteht. Das nennt man Rosen pfropfen. Ist kein wilder Rosenstrauch zur Hand, kann man sich den oben beschriebenen Schnitt in den Daumen auch bei einer anderen Gelegenheit zufügen, wie beim Herrichten der Stecklinge, Abschneiden der Wasserreiser oder abgeblühten Schäfte, Stutzen der Sträucher und bei ähnlichem.

Nachdem er so das Okulieren der Rosen beendet hat, merkt der Gärtner, daß er die durch die Hitze ausgetrocknete und verhärtete Erde wieder auflockern sollte. Das wird ungefähr sechsmal im Jahre gemacht, und jedesmal wirft der Gärtner eine Unmenge Steine und anderen Unrat heraus. Diese Steine entstehen anscheinend aus irgendwelchen Samen oder Eiern oder steigen beständig aus geheimnisvollen Erdtiefen herauf; vielleicht schwitzt die Erde die Steine irgendwie aus. Der Garten- oder Kulturboden, auch Humus oder Mulm genannt, besteht überhaupt aus bestimmten Ingredienzien, wie da sind: Erde, Dünger, verfaulte Blätter, Torf, Steine, Scherben von Biergläsern, zerbrochene Schlüssel, Nägel, Drähte, Knochen, hussitische Pfeile, Stanniol von Schokolade, Ziegel, alte Münzen, alte Pfeifen, Tafelglas, Spiegel, alte Namentäfelchen, Blechgefäße, Bindfäden, Knöpfe, Schuhsohlen, Hundekot, Kohle, Topfhenkel, Waschschüsseln, Abwischtücher, Fläschchen, Kannen, Schnallen, Hufe, leere Konservenbüchsen, Isolatoren, Stücke von Zeitungen und unzählige andere Dinge, die der überraschte Gärtner bei jedem Auflockern aus seinen Beeten gewinnt. Vielleicht gräbt er einmal unter seinen Tulpen einen amerikanischen Ofen, Attilas Grab oder die Sibyllinischen Bücher aus; im Kulturboden kann man alles finden.

Aber die Hauptsorge im Juli bleibt allerdings das Gießen und Spritzen des Gartens. Begießt der Gärtner mit Gießkannen, zählt er die Kannen, so wie der Automobilist die Kilometer. »Uff«, erklärt er mit dem Stolz eines Rekordmannes, »heute habe ich fünfundvierzig Kannen geschleppt.« Wüßtet ihr doch, was das für eine Wohltat ist, wenn das kühle schäumende Wasser auf den ausgetrockneten Boden rieselt; wenn es gegen Abend auf den Blüten und Blättern, die von der eifrigen Dusche ganz schwer sind, funkelt; wenn dann der ganze Garten feucht und erleichtert aufatmet, so wie ein durstiger Wanderer aufatmet. – »Ahahah«, sagt der Wanderer, sich das Naß vom Barte wischend, »Donnerwetter, war das ein Durst. Wirtschaft, noch eins!« Und gleich läuft der Gärtner noch um eine Kanne für diesen julimäßigen Durst.

Mit einem Hydranten und einem Schlauch kann man allerdings schneller und großzügiger begießen; in verhältnismäßig kurzer Zeit bespritzt man nicht nur die Beete, sondern auch den Rasen, die Familie des Nachbarn, die gerade vespert, die Fußgänger auf der Straße, das Innere des Hauses, alle Familienmitglieder und am ausgiebigsten sich selbst. So ein Wasserstrahl aus dem Hydranten hat eine erstaunliche Wirkung, fast so wie ein Maschinengewehr; in einem Augenblick kann man damit eine Grube in der Erde auswaschen, die Perennen abmähen und die Kronen der Bäume herunterreißen. Außerordentlich erfrischend ist es, mit dem Schlauch gegen den Wind zu spritzen; das ist geradezu eine Wasserkur, so durch und durch naß wird man davon. Einen besonderen Gefallen findet der Schlauch daran, irgendwo in der Mitte ein Loch zu haben, wo man es am wenigsten vermutet. Dann steht man wie ein Wassergott inmitten der aufschießenden Strahlen, zu Füßen die zusammengerollte Seeschlange: ein überwältigender Augenblick. Fühlt man sich sodann bis auf die Haut durchnäßt, erklärt man zufrieden, der Garten habe genug, und geht die Kleider trocknen. Indessen aber sagt der Garten bloß »Uff«, saugt die Fontäne, ohne auch nur zu zucken, ein und ist wieder trocken und durstig wie zuvor.

Die deutsche Philosophie behauptet, die grobe Wirklichkeit sei nur das, was ist, während das höhere, sittliche Gesetz »das Sein-Sollende« verkörpert. Der Gärtner also anerkennt besonders im Juli dieses höhere Gesetz und weiß sehr gut, was sein sollte. »Es sollte regnen«, sagt der Gärtner in seiner ausdrucksvollen Art.

Das ist nun einmal so: wenn es die sogenannten lebensspendenden Sonnenstrahlen auf über 50 Grad Celsius bringen, das Gras gelb wird, die Blätter an den Blumenstauden vertrocknen und die Äste der Bäume, vor Durst und Hitze erschlafft, verdorren, wenn die Erde springt, steinhart wird oder in brennendheißen Staub zerfällt, geschieht in der Regel folgendes: 1. platzt der Schlauch, so daß der Gärtner nicht spritzen kann, 2. gibt es eine Störung im Wasserwerk, so daß überhaupt kein Wasser fließt.

In einer solchen Zeit netzt der Gärtner die Erde vergebens mit seinem Schweiß; stellt euch nur vor, wie er schwitzen müßte, damit es, sagen wir, wenigstens für einen kleinen Rasen reichte. Auch schimpfen, ja sogar fluchen, lästern und wütend ausspucken hilft da nichts, selbst wenn man mit jedem Spucken in den Garten hinausläuft (jeder Tropfen Feuchtigkeit ist gut!). Da also nimmt der Gärtner zu jenem höheren Gesetz seine Zuflucht und beginnt fatalistisch zu sagen: »Es sollte regnen!«

»Und wohin fahren Sie heuer auf Sommerfrische?«

»Ach, das ist unwichtig, regnen sollte es.«

»Und was sagen Sie zur Demission des Finanzministers?«

»Regnen sollte es, sage ich.«

Mein Lieber, wenn man sich so einen schönen Novemberregen vorstellt; vier, fünf, sechs Tage rauschen die kühlen Regenfäden nieder; es ist trüb und naßkalt, rinnt in die Schuhe, patscht unter den Füßen und dringt bis in die Knochen. – Wie gesagt, regnen sollte es.

Rosen und Flammenblumen, Sonnenbraut und Mädchenauge, Taglilie, Siegwurz, Glockenblumen und Eisenhut, Glockenwurz, Porst und Wucherblume – Gott sei Dank, es blüht noch genug, trotz der schlechten Verhältnisse. Immerfort blüht und verblüht etwas. Immerfort muß man die verblühten Stengel abschneiden und brummt dabei (zur Blume, keineswegs zu sich selbst): »Mit dir ist's auch schon Amen.«

Seht nur, diese Blumen, sind sie nicht wirklich wie die Frauen, so schön und frisch, die Augen könnte man sich an ihnen aussehen, und dennoch sieht man niemals ihre ganze Schönheit; etwas entgeht einem immer. Mein Gott, jede Schönheit ist so unersättlich! Aber sobald sie zu verblühen anfangen, ich weiß nicht, da halten sie schon gar nichts mehr auf sich (ich spreche von den Blumen), und wenn man grob sein wollte, würde man sagen, daß sie wie eine Schlampe aussehen. Ach, wie schade, meine liebliche Schöne (ich spreche von den Blumen), wie schade, daß die

Zeit so vergeht; die Schönheit vergeht, und nur der Gärtner besteht. Des Gärtners Herbst beginnt schon im März: mit dem ersten verblühten Schneeglöckchen.

Ein Kapitel Botanik

BEKANNTLICH unterscheidet man eine Glazial- und Steppenflora, eine arktische, pontische, Mittelmeer-, subtropische und Sumpfflora und noch verschiedene andre; und zwar einerseits nach dem Ursprung und andrerseits nach dem Ort, wo sie vorkommt und gedeiht.

Wenn ihr euch nur einigermaßen für Pflanzen interessiert, werdet ihr bemerken, daß in den Kaffeehäusern eine andere Vegetation gedeiht als zum Beispiel bei den Selchern; daß bestimmte Arten und Gattungen besonders gut auf den Bahnhöfen und andere wieder bei den Streckenwärtern wachsen. Vielleicht ließe sich durch eingehendes vergleichendes Studium beweisen, daß hinter den Fenstern der Katholiken eine andere Flora gedeiht als hinter denen der Ungläubigen und Fortschrittler, während hinter den Auslagescheiben eines Galanteriewarengeschäftes tatsächlich nur künstliche Blumen prangen. Da aber die botanische Topographie bisher sozusagen noch in den Windeln ist, halten wir uns an einige scharf begrenzte und charakteristische botanische Gruppen.

1. *Die Bahnhofsflora* wird in zwei Unterklassen eingeteilt: in die Vegetation am Bahnhof und in die im Garten des Herrn Stationsvorstandes. Am Bahnsteig gewöhnlich in Körbchen hängend, aber manchmal auch auf Gesimsen oder an den Bahnhofsfenstern gedeihen besonders die große Kapuzinerkresse, ferner Lobelien, Pelargonien, Petunien und Begonien, auf Bahnhöfen höherer Kategorie manchmal auch Drazänen. Die Bahnhofsflora zeichnet sich durch ungewöhnlich reichliche und farbenprächtige Blüten aus. Der Garten des Herrn Vorstandes ist botanisch weniger ausgeprägt; es kommen darin auch Rosen,

Vergißmeinnicht, Stiefmütterchen, Lobelien, Geißblatt und andere soziologisch weniger unterschiedliche Arten vor.

2. *Die Eisenbahnflora* wächst in den Gärten der Streckenwärter. Dazu gehört besonders Eibisch, den man auch Malve nennt, die Sonnenblume, weiter die Kapuzinerkresse, Kletterrosen, Georginen und manchmal auch Astern; wie ersichtlich, handelt es sich meist um Pflanzen, die über den Zaun gucken, vielleicht deshalb, um den vorüberfahrenden Lokomotivführern Freude zu machen. Die wilde Eisenbahnflora wächst auf den Eisenbahndämmen. Zu ihr gehören besonders Heideröschen, Löwenmaul, Wollkraut, gemeine Natterwurz, Quendel und noch einige andere Eisenbahnarten.

3. *Die Fleischhauerflora* gedeiht in den Auslagefenstern der Fleischhauer, zwischen angeschnittenen Rückenstükken, Keulen, Lämmern und Würsten. Zu ihr zählen einige Arten wie *Aucuba, Asparagus Sprengeri,* von den Kakteen der Kerzenkaktus und Echinops; bei den Selchern kommen in Blumentöpfen die Anden-Tanne und manchmal auch Schlüsselblumen vor.

4. Zur *Gasthausflora* gehören zwei Oleanderbäumchen vor der Eingangstür und die Schildblume an den Fenstern; Gasthäuser, die die sogenannte Hausmannskost pflegen, haben an den Fenstern auch Cinerarien. In Restaurationen wachsen sogar Drazänen, Philodendron, großblättrige Begonien, Buntlippe, Fächerpalmen, Feigenbäume und überhaupt jene Pflanzen, die die Ballreferenten von Anno dazumal mit so treffenden Worten zu schildern pflegten, wenn sie schrieben, daß »die Estrade im üppigen Grün der tropischen Vegetation versank«. In den Kaffeehäusern gedeiht nur die Schildblume; dafür wachsen auf den Kaffee-

hausterrassen häufig Lobelien, Petunien, Tradeskantien, ja sogar Lorbeer und Efeu.

Soweit mir bekannt ist, gedeihen keine Pflanzen bei Bäkkern, Büchsenmachern, in Automobilgeschäften und Geschäften mit landwirtschaftlichen Maschinen, bei Eisenhändlern, Kürschnern, Papierhändlern, Hutmachern und vielen anderen Gewerben. An den Fenstern der Ämter gibt es entweder gar nichts oder rote und weiße Pelargonien. Überhaupt sind die Blumen in den Ämtern vom Willen und Wohlwollen entweder des Amtsdieners oder des Amtsvorstandes abhängig. Außerdem entscheidet hier eine gewisse Tradition; während im Bereich der Eisenbahnen die üppigste Vegetation gedeiht, wächst in den Post- und Telegraphenämtern rein gar nichts. Die autonomen Behörden sind, was die Vegetation anbelangt, fruchtbarer als die Staatsämter, unter denen insbesondere die Steuerämter die reinsten Wüsten sind.

Eine botanische Klasse für sich ist natürlich die Friedhofsflora und dann selbstverständlich die Flora der Festlichkeiten, die die Gipsbüste der Gefeierten umgibt; zu ihr gehören der Oleander, der Lorbeer, die Palme und im schlimmsten Fall die Schildblume.

Was die Fensterflora anbelangt, gibt es zweierlei: die arme und die reiche. Die bei den ärmeren Leuten ist für gewöhnlich die bessere; außerdem geht sie den Reichen in der Regel ein, während sie auf Sommerfrische sind.

Damit ist natürlich nicht einmal annähernd die botanische Mannigfaltigkeit der verschiedenen Pflanzenfundorte erschöpft. Gern würde ich zum Beispiel einmal feststellen, welche Art von Menschen Fuchsien und welche die Passionsblume pflegen, welchen Beruf Kakteenzüchter haben und so weiter. Möglich, daß es eine besondere kommunistische Flora gibt oder eine Flora der Volkspartei. Groß ist der Reichtum der Welt; jedes Gewerbe, was sage ich, jede politische Partei könnte ihre eigene Flora haben.

Der Gärtner im August

DER August ist gewöhnlich die Zeit, wo der Hausgärtner seinen Wundergarten verläßt und auf Urlaub fährt. Zwar hat er das ganze Jahr nachdrücklichst verkündet, daß er heuer nirgends hinfahren werde, weil ja so ein Garten besser als jede Sommerfrische sei und er, der Gärtner, nicht so ein Narr und Dummkopf sein wolle, um sich irgendwo im Zug und bei allen Teufeln herumzudrücken. Nichtsdestoweniger entflieht auch er der Stadt, sobald es Sommer wird. Entweder machte sich bei ihm der Wandertrieb geltend, oder es geschieht der Nachbarn wegen, damit man nicht sage –. Natürlich fährt er nur schweren Herzens und voller Befürchtungen und Sorgen um seinen Garten weg, das heißt, er fährt nicht eher weg, bevor er nicht irgendeinen Freund oder Verwandten findet, dem er für diese Zeit den Garten anvertrauen kann.

»Schauen Sie«, sagt er, »es ist jetzt ohnehin im Garten keine Arbeit. Es genügt, wenn Sie einmal in drei Tagen nachsehen kommen, und falls etwas nicht in Ordnung sein sollte, schreiben Sie mir eine Karte, und ich kehre gleich zurück. Also ich verlasse mich auf Sie. Wie gesagt, fünf Minuten genügen; nur ein bißchen nachschauen.«

Worauf er, seinen Garten so dem gefälligen Mitmenschen ans Herz legend, wegfährt. Dieser Mitmensch bekommt am nächsten Tag einen Brief: »Ich vergaß Ihnen zu sagen, daß der Garten täglich begossen werden muß, am besten um fünf Uhr früh oder gegen sieben Uhr abends. Das ist keine Arbeit, nur den Schlauch an den Hydranten festschrauben und eine Stunde spritzen. Bitte, die Koniferen ganz und recht ausgiebig zu bespritzen und den Rasen auch. Wenn Sie irgendwo ein Unkraut sehen, reißen Sie es aus. Das wäre alles.«

Tags darauf: »Es ist schrecklich trocken, ich bitte Sie, geben Sie jedem Rhododendron ungefähr zwei Kannen abgestandenes Wasser und jedem Nadelbaum fünf Kannen und den übrigen Bäumen ungefähr je vier Kannen. Die Stauden, die jetzt blühen, brauchen viel Wasser –

schreiben Sie mir postwendend, was alles blüht. Die abgeblühten Stengel muß man abschneiden! Es wäre gut, wenn Sie mit der Hacke alle Beete auflockern würden, der Boden atmet dann besser. Sollten auf den Rosen Blattläuse sein, kaufen Sie Tabakextrakt und bespritzen Sie damit die Rosen, sobald Tau fällt oder nach Regen. Mehr braucht man inzwischen nicht zu tun.«

Am dritten Tag: »Ich vergaß Ihnen zu sagen, daß der Rasen geschnitten werden muß; mit der Maschine machen Sie es spielend, und was die Maschine nicht wegnimmt, schneiden Sie mit der Schere ab. Aber Achtung! Nach dem Stutzen muß man das Gras gut ausharken und dann mit dem Besen abkehren! Sonst wird der Rasen kahl! Und gießen, viel gießen!«

Am vierten Tag: »Wenn ein Gewitter käme, laufen Sie, bitte, rasch in meinen Garten nachsehen. Ein heftiger Platzregen verursacht manchmal Schäden; es ist daher gut, gleich zur Stelle zu sein. Sollte sich an den Rosen Meltau zeigen, bestreuen Sie sie zeitig früh noch beim Morgentau mit Schwefelblüte. Die hohen Perennen binden Sie an die Stöcke fest, damit sie der Wind nicht knickt. Hier ist es herrlich, eine Menge Pilze und schöne Badegelegenheit. Vergessen Sie nicht, täglich den Weinstock beim Haus zu gießen, der hat es dort trocken. Heben Sie mir in einer Tüte die Samen vom Isländischen Mohn auf. Ich hoffe, Sie haben den Rasen geschnitten. Sonst brauchen Sie nichts zu tun, als die Ohrwürmer zu vertilgen.«

Am fünften Tag: »Ich sende Ihnen ein Kistchen mit Blumen, die ich hier im Wald ausgegraben habe. Es sind verschiedenerlei Knabenkräuter, wilde Iris, Kuhschelle, Immergrün, Lungenkraut, Windrosen und andere. Sobald das Kistchen ankommt, öffnen Sie es gleich, bespritzen

Sie die Pflanzen und setzen Sie sie irgendwo an ein schattiges Plätzchen in meinem Garten ein. Geben Sie auch Torf und Lauberde dazu! Sofort einsetzen und dreimal täglich begießen!! Bitte, schneiden Sie die Wasserreiser der Rosenstöcke ab!«

Am sechsten Tag: »Ich sende Ihnen expreß einen Korb mit Blumen aus der Natur... Sofort einsetzen... In der Nacht sollten Sie mit einer Laterne in den Garten gehen und die Schnecken vertilgen. Es wäre gut, die Wege zu jäten. Ich hoffe, daß die Aufsicht über meinen Garten Sie nicht zuviel Zeit kostet und Sie angenehme Stunden darin verbringen.«

Der gefällige Mitmensch, der sich seiner Verantwortung bewußt ist, gießt inzwischen, schneidet das Gras, lockert auf, jätet, geht mit den angekommenen Pflanzen herum und sucht, wo er sie, zum Teufel, einsetzen könnte; er ist verschwitzt und vom Kopf bis zum Fuß bespritzt. Mit Schrecken bemerkt er, daß hier ein Strauch welkt, dort ein paar Blumenstengel geknickt sind, hier der Rasen gelb zu werden beginnt und der ganze Garten wie verbrannt aussieht. Er verflucht den Augenblick, in dem er diese Last auf sich genommen hat, und betet, es möge schon Herbst sein.

Indessen denkt der Besitzer des Gartens mit Unruhe an seine Blumen und den Rasen, schläft schlecht, schimpft, daß ihm der gefällige Mitmensch nicht täglich einen Bericht über den Stand des Gartens schreibt, und zählt die Tage bis zu seiner Rückkehr, wobei er täglich eine Kiste mit Blumen aus der Natur und einen Brief mit etwa zwölf dringenden Aufträgen sendet. Endlich kehrt er zurück, stürmt, noch mit den Koffern in der Hand, in den Garten und blickt sich mit feuchten Augen um. –

»Der Taugenichts, der Dummerjan, der Schweinekerl«, denkt er erbittert, »der hat mir den Garten zugerichtet!«

»Ich danke Ihnen«, sagt er trocken zum Mitmenschen und packt, wie ein lebendiger Vorwurf, den Schlauch, um den vernachlässigten Garten zu bespritzen. (»Der Blödian«, denkt er in der Tiefe seiner Seele, »dem soll man so etwas anvertrauen! Solang ich lebe, werde ich nicht mehr ein solcher Narr und Dummkopf sein und in die Sommerfrische fahren.«)

Nun, die Blumen aus der Natur gräbt der fanatische Gärtner schon irgendwo aus, um sie seinem Garten einzuverleiben; ärger ist es mit den anderen Naturobjekten. »Verdammt«, denkt sich der Gärtner und blickt aufs Matterhorn oder auf die Gerlachspitze, »wenn ich diesen Berg in meinem Garten hätte und das Stückchen Urwald dort mit den Waldriesen, und den Holzschlag und hier den Gebirgsbach, oder lieber diesen See; die saftige Wiese da würde auch in meinen Garten passen und ebenso ein Stückchen Meeresufer. Auch so eine Ruine eines gotischen Klosters könnte ich brauchen. Dann möchte ich diese tausendjährige Linde dort haben; diese antike Fontäne würde sich bei mir auch ganz nett ausnehmen. Und wie wäre es mit einem Rudel Hirsche, ein paar Gemsen; oder wenigstens diese Allee uralter Pappeln, der Felsen dort, den Fluß da, dieser Eichenhain oder der weißblaue Wasserfall oder wenigstens dieses stille, grüne Tal –«

Wenn es irgendwie möglich wäre, einen Pakt mit dem Teufel zu schließen, der dem Gärtner jeden Wunsch erfüllte, der Gärtner würde ihm seine Seele verkaufen; aber der arme Teufel, glaube ich, müßte die Seele verdammt teuer bezahlen. »Du elender Kerl«, würde er schließlich sagen, »bevor ich mich so plage, zieh lieber in den Himmel – dort gehörst du ohnedies hin.« Und mit dem Schwanz ärgerlich wedelnd, so daß er damit die Blüten des Mutterkrauts und des Helenium eine nach der andern abreißt, ginge er seines Weges und ließe den Gärtner samt seinen unbescheidenen und unerschöpflichen Wünschen stehen.

Wisset denn, daß ich vom Blumengärtner rede und nicht von den Obst- und Kohlgärtnern. Der Obstgärtner soll sich nur über seine Äpfel und Birnen freuen und der Gemüsegärtner über seine überlebensgroßen Kohlrabi, Kürbisse und Sellerie außer sich geraten. Der echte Gärtner spürt es in allen Knochen, daß der August bereits ein Wendepunkt ist. Was noch blüht, trachtet bereits, rasch zu verblühen; jetzt kommt noch die Zeit der Herbstastern und Chrysanthemen, und dann gute Nacht! Aber, aber, auch du noch, leuchtende Flammenblume, Pfarrblümchen, du, goldener Gelbweiderich und gelbe Goldrute, goldene Kupferblume, goldene Heliopsis, goldene Sonnenblume, ihr noch und ich, wir geben noch nicht nach, nein, noch nicht! Das ganze Jahr ist Frühling und das ganze Jahr ist Jugend; immerfort blüht etwas. Man sagt nur so, es sei Herbst; wir blühen inzwischen mit andern Blüten, wachsen unter der Erde und bilden neue Triebe. Fortwährend gibt es zu tun. Nur jene, welche die Hände in den Taschen haben, sagen, es wende sich zum Schlimmeren. Aber wer blüht und Früchte trägt, und wäre es auch im November, weiß nichts vom Herbst, sondern vom goldenen Sommer, weiß nichts vom Welken, sondern vom Treiben. Herbstaster, teurer Mensch, das Jahr ist so lang, daß es kein Ende nimmt.

Von den Kakteenzüchtern

WENN ich sie Sektierer nenne, so geschieht es nicht deshalb, weil sie mit großem Eifer Kakteen züchten; diesen Tatsachenbestand kann man als Leidenschaft, Marotte oder Manie bezeichnen. Das Wesen einer Sekte besteht nicht darin, etwas mit Eifer zu tun, sondern darin, an etwas leidenschaftlich zu glauben. Es gibt Kakteenzüchter, die an Marmorpulver glauben, während andere an Ziegelpulver und wieder andere an Holzkohle glauben. Die einen sind fürs Begießen, die andern verwerfen es. Es gibt einige tiefere Geheimnisse der echten Kakteenerde, die kein Kakteenzüchter verraten wird, und wenn man ihn ans Rad flicht. Alle diese Sekten, Vorschriften, Riten, Schulen, Logen sowie auch die wilden und eigenbrötlerischen Kakteenzüchter schwören darauf, nur mit Hilfe ihrer Methode so wunderbare Resultate zu erzielen. Sehen Sie sich mal diesen *Echinocactus myriostigma* an. Haben Sie schon jemals bei irgend jemand einen solchen *Echinocactus myriostigma* gesehen? Ich sage es Ihnen, aber nur unter der Bedingung, daß Sie es niemandem verraten: man darf ihn nicht begießen, sondern nur übersprühen. So. – Was! ruft ein anderer Kakteenzüchter. Wer hat schon jemals gehört, daß man einen *Echinocactus myriostigma* übersprühen darf? Wollen Sie, daß er sich den Scheitel verkühlt? Oho, lieber Herr, falls Sie nicht wünschen, daß Ihr *Echinocactus* glatt verfault, dürfen Sie ihn nur so befeuchten, daß Sie ihn samt dem Blumentopf einmal wöchentlich in weiches, 23,789 Grad Celsius warmes Wasser stellen. Dann wächst er wie eine Rübe. – Um Christi Himmels willen, schreit der dritte Kakteenzüchter auf, seht euch nur diesen Mörder an! Wenn Sie den Blumentopf ins Wasser stellen, Herr, überzieht er sich mit Grünalgen, der Boden wird sauer, und Sie können einpacken mit Ihrer Weisheit, jawohl, einpacken; außerdem bekommt Ihr *Echinocactus myriostigma* die Wurzelfäule. Wollen Sie vermeiden, daß die Erde sauer wird, müssen Sie ihn tagsüber mit sterilisiertem Wasser gießen, und zwar so, daß auf einen Kubikmeter Erde 0,111111 Gramm Wasser kommt, das genau um einen halben Grad wärmer ist als die Luft. – Worauf alle drei Kakteenzüchter zugleich laut zu schreien beginnen und mit Fäusten, Zähnen, Füßen und Krallen aufeinander losgehen. Aber wie es schon einmal auf dieser Welt ist, die eigentliche Wahrheit kommt auch dadurch nicht zutage.

Eines ist allerdings wahr: daß die Kakteen diese besondere Leidenschaft verdienen, schon deshalb, weil sie geheimnisvoll sind. Eine Rose ist schön, aber nicht geheimnisvoll. Zu den geheimnisvollen Pflanzen gehören die Lilie, der Enzian, das Knabenkraut, der Baum der Erkenntnis, uralte Bäume überhaupt, einige Pilze, Mandragora, die Goldfarne, Eispflanzen, Gift- und Heilkräuter, Wasserrosen, die Mittagsblumen und die Kakteen. Worin das Geheimnisvolle liegt, sage ich euch nicht, das Geheimnisvolle muß einfach anerkannt werden, damit wir es finden und uns ihm demütig beugen. Es gibt Kakteen, die ähneln Meerigeln, Gurken und Kürbissen, Leuchtern, Krügen, dem Barett eines Priesters und Schlangennestern; solche, die mit Schuppen, Saugnäpfen, Haaren, Häkchen, Warzen, Stacheln, Jataganen und Sternchen bedeckt sind; es gibt rundliche und langgestreckte, struppige wie ein Trupp Lanzenträger, schneidige wie ein Zug Säbelschwinger, aufgequollene, holzige und runzelige, mit Ausschlag gezeichnete, bärtige, schrullenhafte, brummige, sauertöpfische, stachlige wie ein Drahtverhau, wie ein Korb geflochtene und solche, die aussehen wie Geschwülste, Tiere und Waffen: die männlichste von allen je nach ihrem Geschlecht samentragenden Pflanzen, die am dritten Tage erschaffen wurde. (»Nein, so etwas«, sprach dann der Schöpfer und wunderte sich selber darüber, was er da erschaffen hatte.) Man kann sie lieben, ohne sie unanständig zu berühren, zu küssen oder an die Brust zu drücken; sie halten nichts von Intimitäten und anderen ähnlichen Frivolitäten. Sie sind hart wie Stein, bis an die Zähne bewaffnet, entschlossen, sich nicht zu ergeben; mach, daß du weiterkommst, Bleichgesicht, oder ich schieße! So eine kleine Kakteensammlung sieht aus wie ein Lager von Kriegszwergen. Hacken wir diesem Krieger den Kopf oder die Hand ab, wächst ein neuer, Schwerter und Dolche schwingender Bewaffneter hervor. Das Leben ist ein Kampf.

Aber es gibt geheimnisvolle Augenblicke, wo sich dieser trotzige und empfindliche Starrkopf ein wenig vergißt und träumt; dann bricht eine Blüte aus ihm heraus, eine große, leuchtende, fürstliche Blüte unter den gezückten Waffen. Es ist eine große Gnade und seltene Begebenheit, die nicht gleich jeder erlebt. Ich sage euch, der Mutterstolz ist nichts gegen die Überhebung, die Prahlsucht eines Kakteenzüchters, der einen blühenden Kaktus besitzt.

Der Gärtner im September

AUF seine Art – vom Standpunkt des Gärtners – ist der September ein dankbarer und ausgezeichneter Monat; nicht nur deshalb, weil die Goldruten, die Herbstastern und die indischen Chrysanthemen blühen, nicht nur euretwegen, schwere und bezaubernde Georginen. So wisset denn, ihr Ungläubigen: der September ist der auserlesene Monat für alles, was zum zweitenmal blüht; der Monat der zweiten Blüte, der Monat der reifenden Rebe. All das sind die rätselhaften Vorzüge dieses Monats September, voll tieferem Sinn. Außerdem ist er der Monat, in dem sich die Erde wieder öffnet, so daß wir *einsetzen kön-*

nen! Jetzt muß das in die Erde kommen, was bis zum Frühjahr Wurzeln fassen soll; wieder eine Gelegenheit für uns Gärtner, die Blumenzüchter abzulaufen, uns ihre Kulturen anzugucken und Schätze für das kommende Frühjahr auszusuchen.

Der Großgärtner oder Züchter ist gewöhnlich ein Mann, der weder trinkt noch raucht, mit einem Wort ein Mann der Tugend. In der Geschichte ist er weder durch hervorragende Verbrechen noch durch kriegerische oder politische Taten berühmt geworden; sein Name pflegt durch irgendeine neue Rose, Georgine oder eine neue Apfelsorte verewigt zu sein. Dieser Ruhm – der für gewöhnlich anonym ist oder sich unter einem andern Namen verbirgt – genügt ihm. Durch ein seltsames Spiel der Natur pflegt es gewöhnlich ein dicker und geradezu mächtiger Mensch zu sein, vielleicht um dadurch einen auffälligeren Gegensatz zur zarten, filigranen Anmut der Blumen zu bilden; oder hat ihn die Natur zum Ebenbild der Cybele gemacht, um sein freigebiges Vatertum zu veranschaulichen? Wenn so ein Züchter mit dem Finger in seinen Blumentöpfen herumwühlt, ist es wirklich so, als ob er seinen kleinen Pfleglingen die Brust reichte. Er verachtet die Gartenarchitekten, die ihrerseits wiederum die Züchter für Krauter halten. Wisset denn, daß sie das Züchten nicht als ein Gewerbe betrachten, sondern als eine Wissenschaft und Kunst. Es ist geradezu niederschmetternd, wenn sie vom Konkurrenten behaupten, er sei ein guter Geschäftsmann. Zum Blumenzüchter kommt man nicht wie zu einem Kaufmann mit Kragen oder Eisenwaren, um ihm zu sagen, was man kaufen wolle, zu bezahlen und wieder seines Weges zu gehen. Zum Züchter geht man auf einen Plausch, kommt man fragen, wie das und jenes heißt, kommt ihm mitteilen, daß die Gemskresse, die man im Vorjahr bei ihm gekauft hat, gut gedeihe, kommt man jammern, daß die *Mertensia* heuer gelitten habe, und betteln, er möge zeigen, was er Neues hat. Man soll mit ihm herumdebattieren, ob die Rudolf Göthe oder die Emma Bedau (das sind nämlich Astern) besser sei, sowie herumstreiten, ob die *Gentiana Clusii* lieber Tonerde oder Torf habe.

Nach solchen und vielen andern Gesprächen sucht man sich ein neues Steinkraut aus (Herrgott, wohin gibt man es nur?), einen Rittersporn (den eigenen hat der Meltau arg zugerichtet) und einen Blumentopf, über den man sich mit dem Züchter nicht einigen kann, was eigentlich drin ist; nachdem man so einige Stunden in belehrender und edler Unterhaltung verbracht hat, bezahlt man dem

Mann, der kein Geschäftsmann ist, eine oder zwei Mark, und die Sache ist fertig. Und doch sieht so ein Züchter euch Quälgeister lieber als die Herrschaften, die mit dem Auto angestunken kommen und ihn beauftragen, sechzig Arten »der besten, aber wirklich nur prima Blumen« auszuwählen.

Jeder Züchter schwört, daß er in seinem Garten ganz elenden Boden habe, daß er ihn nicht dünge oder begieße noch während des Winters ihn abdecke; wahrscheinlich will er damit sagen, daß seine Blumen aus purer Neigung zu ihm so gut wachsen.

Etwas ist schon daran, bei der Gärtnerei muß man entweder eine glückliche Hand oder eine gewisse höhere Gnade haben. Der echte Gärtner braucht nur ein Stück von einem Blatt in die Erde zu stecken, damit irgendeine beliebige Blume daraus wachse, während wir Laien uns mit den Sämlingen abmühen, sie betauen, anhauchen und mit Hornmehl oder Kindermehl füttern, und zum Schluß vertrocknet und vergilbt das Zeug trotzdem. Ich glaube, es sind dabei irgendwelche Zaubereien im Spiel, ähnlich wie bei der Jägerei und der Medizin.

Eine neue Art aufzuzüchten ist der geheime Traum eines jeden leidenschaftlichen Gärtners. Mein Lieber, wenn bei mir so ein gelbes Vergißmeinnicht wüchse, oder vergißmeinnichtblauer Mohn, oder weißer Enzian – was, der blaue sei schöner? Das ist gleichgültig; aber einen weißen Enzian hat's noch nicht gegeben. Und dann, müßt ihr wissen, ist man auch bei den Blumen ein wenig Chauvinist; wenn so eine böhmische Rose in der ganzen Welt den Sieg davontrüge über so eine amerikanische *Independence Day* z. B. oder eine französische *Herriot,* da würden wir uns vor Stolz aufblähen und vor Freude zerspringen.

Ich rate euch aufrichtig: wenn ihr in eurem Garten ein Stückchen Abhang oder eine Terrasse habt, legt euch einen Felsengarten an. Vor allem ist so ein Felsengärtchen sehr schön, wenn es mit den Pölsterchen des Steinbrechs, des Steinkrauts, der Gänsekresse und anderer wunderhübscher Gebirgsblumen bewachsen ist. Dann ist das Anlegen so eines Felsengärtchens eine ausgezeichnete und fesselnde Arbeit. Ein Mensch, der ein Felsengärtchen baut, fühlt sich wie ein Zyklop, wenn er sozusagen mit elementarer Kraft Fels auf Fels türmt, Hügel und Täler baut, Berge versetzt und blinde Klippen errichtet. Hat er dann, im Kreuz halb gelähmt, sein Werk vollendet, stellt er fest, daß es allerdings etwas anders aussieht als der romantische Gebirgszug, den er sich vorgestellt hat, und eher an einen Schutt- und Steinhaufen erinnert. Doch macht euch nichts daraus; innerhalb eines Jahres wandeln sich diese Steine in das schönste Gartenbeet um, auf dem winzige Blüten leuchten und das mit dem schönsten Blumenkissen bewachsen ist; und die Freude ist groß. Ich rate euch, legt euch ein Felsengärtchen an.

Es läßt sich nicht mehr leugnen: der Herbst ist da. Man erkennt es an den blühenden Herbstastern und Chrysanthemen – diese Herbstblumen blühen in auffallender Stärke und Mannigfaltigkeit; sie machen nicht viel Umstände, eine Blüte wie die andre, dafür sind ihrer aber eine ganze Menge! Ich sage euch, dieses Aufblühen des reifen Alters ist viel mächtiger und leidenschaftlicher als die unruhigen und flüchtigen Regungen des jungen Frühlings!

Es sind der Verstand und die Folgerichtigkeit des reifen Menschen darin; wenn schon blühen, dann gründlich; und viel Honig tragen, damit die Bienen kommen. Was bedeutet schon so ein fallendes Blatt neben dem üppigen Blühen des Herbstes! Seht ihr denn nicht, daß es kein Ermüden gibt?

Der Boden

WENN die selige Mutter in ihren jungen Jahren Karten aufschlug, flüsterte sie stets bei einem Häuflein: »Auf was trete ich?« Damals konnte ich nicht begreifen, warum es sie so interessierte zu wissen, worauf sie trete. Erst viele, viele Jahre später begann es auch mich zu interessieren. Ich entdeckte nämlich, daß ich auf die Erde trete.

Der Mensch kümmert sich tatsächlich nicht darum, worauf er tritt; er rennt wie ein Narr irgendwohin und sieht höchstens die schönen Wolken dort oben, den schönen Horizont oder die herrlich blauen Berge da hinten; aber niemals blickt er unter seine Füße, um lobend festzustellen, daß hier ein guter Boden sei. Solltest ein Gärtchen so groß wie eine Handfläche haben, solltest wenigstens ein Beet haben, um zu erkennen, auf was du trittst. Dann würdest du sehen, mein Lieber, daß nicht einmal die Wolken so mannigfaltig, so schön und schrecklich sind wie der Boden unter deinen Füßen. Du würdest den sauren, bindigen, lehmigen, kalten, steinigen und elenden Boden unterscheiden lernen; würdest eine wie Lebkuchen lockere, wie Brot warme, leichte und gute Erde schätzen lernen und von ihr sagen, daß sie schön sei, so wie du es von den Frauen oder den Wolken sagst. Würdest ein besonderes, sinnliches Wohlgefallen verspüren, wenn dein Stock ellentief in die lockere und mürbe Erde hineinstieße oder wenn du einen Erdklumpen in der Hand knetetest, um seine luftige und feuchte Wärme zu fühlen.

Hast du aber kein Verständnis für diese Schönheit, so möge dir das Schicksal zur Strafe ein paar Quadratmeter Lehmboden bescheren, einen Lehm wie Zement so schwer, echten Naturlehm, aus dem einen die Kälte nur so anweht, der sich unter deinem Spaten wie ein Kaugummi durchbiegt, sich an der Sonne zusammenbäckt und im Schatten sauer wird; bösartigen, unnachgiebigen, schmierigen Töpferlehm, glitschig wie eine Schlange und trocken wie ein Ziegel, undurchlässig wie Blech und schwer wie Blei. Und jetzt reiße ihn mit dem Grabscheit auseinander, zerschneide ihn mit dem Spaten, zerschlage ihn mit dem Hammer, grabe ihn um und bearbeite ihn, laut fluchend und jammernd. Dann wirst du begreifen, was Feindschaft und Verstocktheit der toten und unfruchtbaren Materie ist, die sich wehrt, lebendiger Boden zu werden; und wirst dir vergegenwärtigen, was für einen furchtbaren Kampf das Leben Spanne um Spanne führen mußte, um im Boden der Erde Wurzel zu fassen, ob dieses Leben nun Vegetation oder Mensch heißt.

Dann wirst du auch erkennen, daß du dem Boden mehr geben mußt, als du von ihm nimmst; du mußt ihn beizen und mit Kalk sättigen, mit warmem Dung wärmen, ihn mit leichter Asche durchmischen und mit Luft und Sonne tränken. Dann beginnt der zusammengebackene Lehm zu bröckeln, als ob er leise atmete, weicht unter dem Spaten locker und mit auffallender Gefälligkeit aus, fühlt sich in der Hand warm und nachgiebig an; dann ist er gezähmt. Ich sage euch, ein paar Meter Boden zähmen ist ein großer Sieg. Jetzt liegt er hier, bearbeitbar, locker und feucht; man möchte ihn am liebsten völlig zwischen den Fingern zerbröckeln und kneten, um des Sieges sicher zu sein; und denkt gar nicht mehr daran, was man alles pflanzen wollte. Genügt denn nicht der schöne Anblick dieses dunklen, luftigen Bodens? Ist er nicht schöner als irgendein Beet mit Stiefmütterchen oder Möhren? Fast wird man auf die Vegetation eifersüchtig, die sich dieses edlen Menschenwerkes, das Gartenerde heißt, bemächtigt.

Von diesem Augenblick an wirst du nicht mehr auf der Erde gehen, ohne zu wissen, worauf du trittst. Wirst mit der Hand und dem Stock jedes Häuflein Erde, jedes Stück Feld probieren, so wie ein anderer Sterne, Menschen und Veilchen betrachtet. Wirst über die schwarze Erde in Begeisterung ausbrechen, verliebt die lockere Wald-Lauberde zwischen den Fingern zerreiben und die dichte Rasenerde und die leichte Tonerde in der Hand wägen. Mein Lieber, wirst du dann sagen, von der könnte ich eine halbe Fuhre brauchen, und, Donnerwetter, eine Fuhre von dieser Lauberde würde auch guttun; und den Humus da, so daraufschütten und ein paar Kuhfladen und ein wenig von dem Flußsand, und einige Schubkarren voll von dem Moderzeug dieser Baumstrünke, und da ein wenig Schlamm aus dem Bach, und dieser zusammengekratzte Mist von der Straße wäre auch nicht zu verachten, nicht wahr? Und dazu noch ein wenig Phosphat und Hornspäne; aber diese herrliche Ackererde gefiele mir auch, Herrgott noch einmal! Es gibt Erde, fett wie Speck, leicht wie eine Feder, mürbe wie eine Torte; es gibt helle und dunkle, trockene und ein wenig feuchte Erde, und jede stellt eine andere, edle Art von Schönheit dar. Dagegen ist alles häßlich und nichtsnutzig, was klebrig, klumpig, naß, zähe, kalt, unfruchtbar ist und dem Menschen verliehen wurde, damit er die unerlöste Materie verfluche; was alles ebenso häßlich ist wie die Kälte, Verstocktheit und Boshaftigkeit menschlicher Seelen.

Der Gärtner im Oktober

MAN sagt Oktober und glaubt, die Natur trete ihren Winterschlaf an. Aber der Gärtner weiß es besser und wird euch sagen, daß der Oktober ein ebenso guter Monat ist wie der April. Ihr müßt wissen, der Oktober ist der erste Frühlingsmonat, der Monat des unterirdischen Sprießens und Keimens, des verborgenen Aufspringens der prall werdenden Knospen. Grabt nur ein wenig in der Erde nach, und ihr werdet starke Knospen, dick wie ein Daumen, zarte Keime und eifrige Wurzeln finden – es nützt nichts, *der Frühling ist da*! Gehe hinaus, Gärtner, und pflanze! (Nur achtgeben, damit du mit dem Spaten nicht die keimende Zwiebel einer Narzisse zerschneidest.)

Also unter allen Monaten ist der Oktober der Monat des Aussetzens und Umsetzens. Zeitig im Frühjahr steht der Gärtner über sein Beet gebeugt, aus welchem hie und da eine Knospenspitze hervorguckt, und sagt nachdenklich: »Da ist es ein wenig kahl und leer, ich werde noch etwas hersetzen müssen.« Einige Monate später steht der Gärtner vor demselben Beet, auf welchem inzwischen die zwei Meter hohen Stengel des Rittersporns, ein ganzer Dschungel Mutterkraut, ein Urwald Glockenblumen emporgeschossen sind, und sagt nachdenklich: »Da ist es ein wenig überwachsen und dicht, ich werde Luft machen und es auseinandersetzen müssen.« – Im Oktober steht der Gärtner über das gleiche Beet gebeugt, aus dem hie und da ein trockenes Blatt oder ein kahler Stengel aufragt, und sagt nachdenklich: »Da ist es ein wenig kahl und leer, ich werde etwas hersetzen, vielleicht sechs Flammenblumen oder ein paar größere Astern.« Und geht und tut es. Das Leben des Gärtners ist voll Veränderung und tatenreichem Schöpferwillen.

Mit heimlicher Befriedigung vor sich hin brummend, findet der Gärtner im Oktober in seinem Garten *kahle Stellen.* »Sapperment«, sagt er zu sich, »da ist wahrscheinlich etwas eingegangen, da werde ich gleich auf dem leeren Platz etwas einsetzen, vielleicht Goldrute oder lieber Wanzenkraut, das habe ich noch nicht. Am besten würde allerdings Scheingeißbart herpassen; doch für den Herbst würde ich auch ganz gern *Pyrethrum uliginosum* hier haben. Allerdings eine Gemswurz fürs Frühjahr wäre auch nicht übel. Halt, ich setze eine Goldmelisse ein – entweder *Sunset* oder *Cambridge Scarlet;* übrigens eine Taglilie würde sich hier auch gut ausnehmen. Worauf er, in tiefe Nachdenklichkeit versunken, heimgeht; unterwegs erinnert er sich, daß auch die *Morina* eine dankbare Pflanze ist, vom Mädchenauge ganz zu schweigen; selbst eine *Aubrietia* wäre nicht zu verwerfen. Dann bestellt er rasch in einer Gärtnerei Goldrute, Wanzenkraut, Scheingeißbart, *Pyrethrum uliginosum,* Gemswurz, Goldmelisse, Taglilie, *Morina,* Mädchenauge, *Aubrietia* und schreibt noch Ochsenzunge und Salbei dazu. Einige Tage ist er wütend, weil die Pflanzen nicht und nicht kommen: schließlich bringt ihm der Postbote einen vollen Korb, worauf er sich mit dem Spaten auf jene kahle Stelle stürzt. Mit dem ersten Spatenstich fördert er ein Wurzelknäuel zutage, auf dem sich oben ein ganzes Büschel Knospen drängt. »Jesus Maria«, stöhnt der Gärtner auf, »hier hatte ich ja die Trollblume eingesetzt.«

Ja, es gibt leidenschaftliche Liebhaber, die in ihrem Garten alles haben wollen, was zu den achtundsechzig Gattungen der Zweikeimblättrigen, zu den fünfzehn der Einkeimblättrigen und zu den zwei der Nachsamigen gehört; von den Kryptogamen wollen sie wenigstens alle Farne, denn mit dem Bärlapp und den Moosen ist es ein Kreuz. Dagegen gibt es noch leidenschaftlichere Leidenschaftliche, die ihr Leben einer einzigen Art weihen, die aber wollen und müssen sie in allen bisher gezüchteten und benannten Varietäten haben. So sind zum Beispiel die Zwiebelzüchter dem Kult der Tulpen, Hyazinthen, Lilien, Chionodoxen, Narzissen, Tazetten und anderen Zwiebelwundern ergeben. Dagegen huldigen die Primel- und Aurikelliebhaber ausschließlich den Schlüsselblumen, während sich die Anemonenzüchter dem Orden der Anemonen geweiht

haben. Weiter die Irisianer oder auch Schwertlilianer, die vor Schmerz zugrunde gingen, wenn sie nicht alles hätten, was in die Gruppe *Apogon, Pogoniris, Regelia, Onocyclus, Juno* und *Xiphium* gehört, die Bastardpflanzen nicht mitgerechnet. Es gibt Delphinisten, die Rittersporn züchten, es gibt Rosenfanatiker oder Rosarianer, die nur mit *Madame Druschki, Madame Herriot, Madame Caroline Testout, Monsieur Wilhelm Kordes, Monsieur Pernet* und vielen anderen Persönlichkeiten Umgang pflegen, deren Seelen als Rosen weiterleben. Es gibt Phloxisten oder Philophloxisten, die im August, wenn die Flammenblume blüht, laut die Chrysanthemanen verhöhnen, was ihnen diese im Oktober, wenn das *Chrysanthemum indicum* blüht, wieder heimzahlen. Man trifft melancholische Asternisten, die

die Spätastern allen Freuden des Lebens vorziehen. Die wildesten aller Leidenschaftlichen aber sind (von den Kaktusnarren abgesehen) die Dahlienzüchter oder Georgianer, die für eine neue amerikanische Dahlie schwindelhafte Summen, bis zu zehn Mark, bezahlen. Von all den Genannten haben nur die Zwiebelzüchter eine historische Tradition, ja sogar ihren Schutzpatron, und zwar den hl. Joseph, der bekanntlich eine weiße Madonnenlilie in der Hand hält, obzwar er sich heute schon eine *Lilium Brownii* anschaffen könnte, die noch weißer ist. Dagegen kommt ein Heiliger mit einer Flammenblume oder einer Georgine nicht vor. Infolgedessen sind Menschen, die dem Kult dieser Blume ergeben sind, Sektierer und gründen manchmal auch ihre eigene Kirche.

Warum sollten diese Kulte nicht ihre eigenen Heiligenleben haben? Stellt euch zum Beispiel das Leben des heiligen Georginus von Dahlien vor. Georginus war ein tugendhafter und frommer Gärtner, dem es nach vielem Beten gelang, die ersten Georginen zu züchten. Als der heidnische Kaiser Phloxinian davon erfuhr, entbrannte er in Zorn und sandte seine Häscher aus, den frommen Georginus gefangenzunehmen. »Du Krauter«, donnerte ihn Kaiser Phloxinian an, »jetzt wirst du dich vor den abgeblühten Phloxen verneigen!« »Das tue ich nicht«, erwiderte Georginus entschieden, »denn Georginen sind Georginen, aber Phlox bleibt nur Phlox.« »Hackt ihn in Stücke«, brüllte der grausame Phloxinian. Und sie hackten den hl. Georginus von Dahlien in Stücke, verwüsteten seinen Garten und bestreuten ihn mit Eisenvitriol und Schwefel. Aber aus den zerhackten Körperteilen des hl. Georginus wurden die Knollen aller künftigen Georginen: der pfingstrosenartigen, der anemonenarti-

gen, der einfachen, der kakteenartigen und sternartigen, der Mignons, Pompons oder Liliputaner, der Rosetten, Kolaretten und Bastardarten.

So ein Herbst ist eine überaus fruchtbare Zeit. Im Vergleich dazu ist der Frühling sozusagen ein wenig kleinlich. Der Herbst arbeitet gern in großem Maßstab. Hat man je erlebt, daß das Frühlingsveilchen zu drei Meter Höhe aufschießt, oder die Tulpe wachse und wachse, bis sie die Bäume überragt? Na, sehen Sie! Dagegen kommt es vor, daß man im Frühjahr ein paar Herbstastern einsetzt und bis zum Oktober ein zwei Meter hoher Urwald daraus wird, den man nicht zu betreten wagt, aus Furcht, nicht mehr den Weg ins Freie zu finden. Oder man setzt im April die Wurzel eines Sonnenhuts in die Erde ein, und jetzt nicken von oben die goldenen Blüten ironisch auf einen herab, die man nicht einmal mehr mit der Hand erreicht, auch wenn man sich auf die Fußspitzen stellt. Es kommt beim Gärtner alle Augenblicke vor, daß er ein wenig den Maßstab verliert. Deshalb verpflanzt man im Herbst die Blumen; alljährlich schleppt der Gärtner seine Perennen, wie eine Katze ihre Jungen, von einem Ort zum andern. Alljährlich sagt er befriedigt: »So jetzt ist alles eingesetzt und in Ordnung.« Im nächsten Jahr atmet er genauso erleichtert auf. Der Garten ist nie fertig. In dieser Beziehung gleicht der Garten der menschlichen Welt und allen menschlichen Unternehmungen.

Von den Schönheiten des Herbstes

ICH könnte von den verschwenderischen Farben des Herbstes schreiben, von den beängstigenden Nebeln, den Seelen der Verstorbenen und den Erscheinungen am Himmel, von den letzten Astern und der roten Rose, die noch aufblühen will; oder von den Lichtern in der Dämmerung, vom Duft der Friedhofskerzen, vom trockenen Laub und anderen stimmungsvollen Dingen. Aber noch lieber will ich eine andere Zeugenschaft abgeben, das Lob einer anderen Schönheit besingen. Es ist ganz einfach die Rübe.

Kein Ernteprodukt der Erde kommt in so großen Mengen vor wie die Rübe. Das Korn fährt man in die Scheunen und die Kartoffeln in die Keller; aber die Rübe fährt man auf ganze Haufen zusammen, sie türmt sich zu Bergen auf, wächst sich zu Rüben-Gebirgszügen neben den ländlichen Stationen aus. In endloser Prozession bringt Fuhre auf Fuhre die weißen Knollen herbei. Männer mit Schaufeln schichten von früh bis abends höhere und höhere Haufen und ordnen sie hübsch zu geometrischen Pyramiden. Jede andere Erdfrucht verläuft sich auf allen möglichen Wegen unter die häuslichen Dächer. Nur die Rübe wälzt sich in einem Strome: zum nächsten Bahngeleise oder zur nächsten Zuckerfabrik. Es ist eine Ernte im großen, ein Auftreten *en masse*. Es ähnelt einer Heerschau: Brigaden, Divisionen sowie Armeekorps, die zum Transport antreten. Deshalb werden sie auch in militärischer Ordnung aufgeschichtet; Geometrie, das ist die Schönheit der Masse. Die Rübenbauern errichten ihre Rübenmieten wie kantige Monumentalbauten; das geschieht fast architektonisch. Ein Haufen Kartoffeln ist kein Bau, aber ein Haufen Rüben ist kein Haufen mehr, sondern ein Gebäude. Ein Stadtmensch liebt Rübengegenden nicht besonders; aber jetzt im Herbst gewinnen sie geradezu etwas Monumentales. So eine ordentliche Rübenpyramide reißt hin. Sie ist das Monument der fruchtbaren Erde.

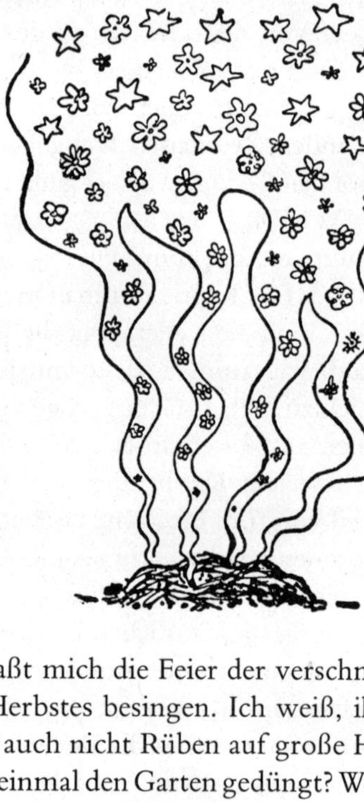

Doch laßt mich die Feier der verschmähtesten Schönheit des Herbstes besingen. Ich weiß, ihr habt kein Feld und fahrt auch nicht Rüben auf große Haufen; aber habt ihr schon einmal den Garten gedüngt? Wenn sie eine Fuhre davon anfahren und den warm rauchenden Haufen herauskippen, geht man um ihn herum, wägt ihn mit den Augen und der Nase ab und sagt anerkennend: »Gott segne ihn, das ist ein schöner Dünger.«

»Ein schöner«, sagt ihr, »aber ein bißchen leicht.«

»Lauter Stroh«, meint ihr unzufrieden, »und zu wenig Mist.«

Schert euch fort, ihr, die ihr euch die Nasen zuhaltet und von weitem schon einen Umweg um diesen edlen und lockeren Haufen macht; ihr wißt nicht, was ein guter Dünger ist. Wenn dann die Beete bekommen, was ihnen gebührt, spürt der Mensch fast so etwas wie ein mystisches Gefühl, als habe er der Erde etwas Gutes getan.

Kahle Bäume sind kein so verzweifelter Anblick; sie sehen ein wenig wie ein Besen aus oder eine Rute oder wie ein Gerüst, das für den Bau vorbereitet ist. Zittert aber auf so einem kahlen Baum das letzte Blatt im Winde, so ist es wie die letzte wehende Fahne auf dem Schlachtfeld, wie eine Flagge, die von einer Totenhand auf dem Felde der Gefallenen festgehalten wird. Wir sind gefallen, ohne uns zu ergeben. Noch wehen unsere Farben.

Noch haben sich die Chrysanthemen nicht ergeben. Sie sind zart und angehaucht und nur so hingeworfen aus weißem und rosa Schaume, steif wie Fräuleins im Tanzkleidchen. Daß es schon sehr wenig Sonne gibt? Daß uns der graue Nebel würgt, der naßkalte Regen über uns hinwegschleicht? Macht nichts! Das Blühen ist die Hauptsache. Nur die Menschen klagen über die schlechten Verhältnisse, die Chrysanthemen nicht.

Auch die Götter haben ihre Saison. Im Sommer mag man Pantheist sein und sich für ein Stück Natur halten; aber im Herbst kann man sich nur für einen Menschen halten. Auch wenn wir nicht unsere Stirn bekreuzigen, kehren wir doch alle langsam zur Geburt des Menschen zurück. Jedes Herdfeuer brennt zu Ehren der Hausgötter. Die Liebe zum Heim ist dieselbe Zeremonie wie die Verehrung irgendeiner Sternengottheit.

Der Gärtner im November

ICH weiß, es gibt viele schöne Berufe, zum Beispiel: für Zeitungen schreiben, im Parlament abstimmen, im Verwaltungsrat sitzen, Amtsakten unterschreiben. Obgleich das alles recht schön und verdienstvoll ist, macht man aber weder eine solche Figur dabei, noch nimmt man eine ähnlich monumentale, plastische und geradezu bildhauerische Haltung ein wie der *Mann mit dem Spaten*. Steht einer so auf seinem Beet, mit einem Fuß auf den Spaten gestützt, sich die schweißtriefende Stirn trocknend und »Uff« sagend, so sieht er geradezu wie eine allegorische Statue aus. Es würde genügen, ihn behutsam samt den Wurzeln auszugraben und ihn auf einen Sockel zu stellen mit der Aufschrift »Triumph der Arbeit« oder »Der Herr der Erde« oder sonst irgendwie. Ich sage das, weil jetzt gerade die Zeit dafür ist, nämlich fürs Graben.

Jawohl, im November soll man die Erde umgraben und auflockern; einen vollen Spaten davon aufnehmen, erweckt ein ebenso schmackhaftes und feinschmeckerisches Gefühl, als hielte man einen vollen Schöpflöffel mit Essen in der Hand. Ein guter Boden darf so wie ein gutes Essen weder zu fett noch zu schwer, weder zu kalt noch zu naß, auch nicht zu trocken oder zu klebrig, weder zu hart noch zu krümlig, noch zu roh sein. Er soll wie Brot sein, wie Lebkuchen, wie eine Buchtel, wie Hefeklöße; er soll zerbröckeln, aber nicht bröseln, soll unterm Spaten knistern, aber nicht schnalzen, soll weder Schichten noch Klumpen, weder Fladen noch Knödel bilden, sondern soll, wenn er mit vollem Spaten umgewendet wird, vor Wohlbehagen aufseufzen und in Schollen und grießartige Erde zerfallen. Das ist ein schmackhafter, bearbeitbarer und

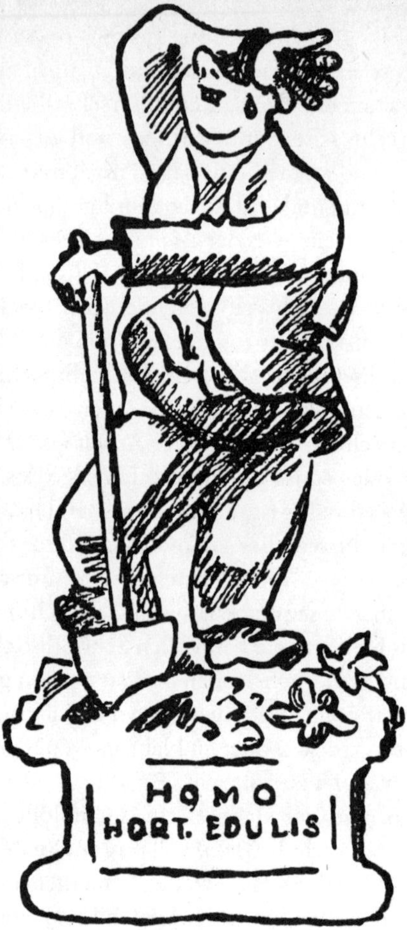
HOMO
HORT. EDULIS

edler Boden, tief und feucht, durchlässig, atmend und weich, kurz ein guter Boden, so wie es gute Menschen gibt; und bekanntlich gibt es in diesem Tale der Tränen nichts Besseres.

So wisse denn, du Gartenmensch, daß man in diesen Herbsttagen noch umsetzen kann. Zuerst hackt man so tief als möglich um den Strauch oder Baum herum auf und gräbt um, dann packt man ihn mit dem Spaten von unten her, wobei der Spaten gewöhnlich entzweigeht. Es gibt Menschen, hauptsächlich Kritiker und öffentliche Redner, die gern von den Wurzeln sprechen; so verkünden sie zum Beispiel, daß wir zu den Wurzeln zurückkehren, irgendein Übel mit der Wurzel ausroden oder bis zur Wurzel irgendeiner Sache vordringen sollen. Nun, ich möchte sie gern sehen, wenn sie, sagen wir, eine dreijährige Quitte mit den dazugehörigen Wurzeln ausgrüben. Ich glaube, sie würden sich nach einigen Versuchen aufrichten und dabei nur ein einziges Wort sagen. Ich könnte Gift drauf nehmen, daß es das Wort »Herrgott« wäre. Ich versuchte es mit den Quitten und bestätige, daß die Arbeit mit den Wurzeln schwer ist, daß es daher besser ist, die Wurzeln dort zu lassen, wo sie sind. Sie wissen schon, warum sie so tief sein wollen; fast möchte ich sagen, sie verzichten gern auf unsere Aufmerksamkeit.

Ja, den Boden verbessern. So eine Fuhre Dünger wirkt am schönsten, wenn sie an einem frostigen Tage angefahren wird und wie ein Opferscheiterhaufen raucht. Steigt dann der Rauch bis zum Himmel empor, fängt oben der, der alles versteht, zu schnuppern an und sagt: Aha, das ist ein schöner Dünger! – Hier wäre allerdings Gelegenheit, vom geheimnisvollen Kreislauf des Lebens zu sprechen: Ein

Pferd frißt sich mit Hafer voll und gibt es wieder an die Nelken oder Rosen weiter, die dafür im nächsten Jahr Gott mit so lieblichem Duft lobpreisen werden, daß es sich gar nicht beschreiben läßt. Nun, diesen lieblichen Geruch ahnt der Gärtner schon im rauchenden, strohigen Düngerhaufen. Genäschig schnuppert er daran herum und breitet die Gottesgabe sorgfältig über den ganzen Garten aus, als striche er seinem Kinde Marmelade auf eine Brotschnitte. Da hast du, Fliedersträuchlein, lasse es dir schmecken! Ihnen, *Madame Herriot,* widme ich ein ganzes Häuflein, weil Sie so schön bronzefarben geblüht haben. Damit du nicht zu kurz kommst, Mutterkraut, gebe ich dir diesen Krapfen da; und dir streue ich braunes Stroh, eifrige Flammenblume.

Warum rümpft ihr die Nasen, Menschen? Dufte ich vielleicht nicht genug?

Noch ein Weilchen, und wir erweisen unserem Garten den letzten Dienst. Noch lassen wir den einen oder anderen Herbstfrost vorübergehen, und dann betten wir den Garten in grünes Reisig, biegen die Rosenstöcke nieder, umgeben ihre Hälschen mit Erde, schichten duftendes Fichtenreisig darüber, und dann gute Nacht. Gewöhnlich deckt man mit dem Reisig noch allerlei andere Sachen zu, wie das Taschenmesser oder die Pfeife; im Frühjahr, wenn man das Reisig abnimmt, feiert man mit allem Wiedersehen.

Aber noch sind wir nicht so weit, noch haben wir nicht aufgehört zu blühen, noch blinzelt uns die Allerseelenaster mit ihren violetten Augen an, noch einmal blühen Himmelsschlüssel und Veilchen zum Zeichen, daß auch der November seinen Frühling hat, und die indische

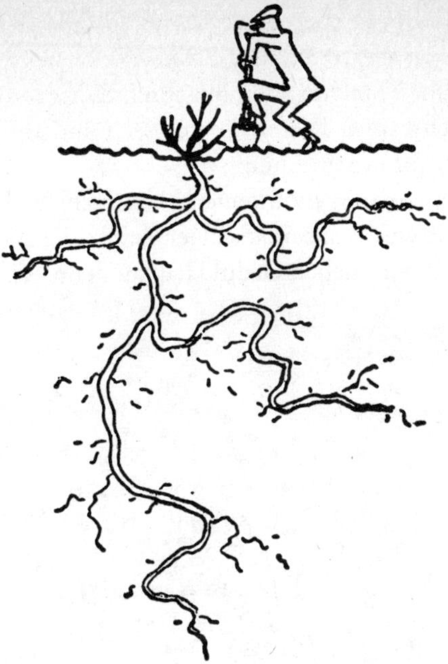

Chrysantheme (so benannt, weil sie nicht aus Indien, sondern aus China stammt) läßt sich weder durch das schlechteste Wetter noch durch die politischen Verhältnisse davon abhalten, ihren ganzen zarten und ungeheuren Reichtum an Blüten, fuchsroten und weißlichen, goldenen und brünetten, auszugeben. Auch die Rose blüht noch zum letztenmal. Königin, sechs Monate hast du geblüht; gewiß bist du das deiner Stellung schuldig.

Und dann – blüht noch das Laub: gelbes Herbstlaub, purpurnes, fuchsrotes, orangefarbiges, knallrotes und dunkelbraunes, leuchten rötliche, orangefarbige, schwarze und blaue bereifte Beeren und das gelbe, rötliche und helle Holz der kahlen Äste. Noch sind wir nicht fertig. Selbst wenn alles unter der Schneedecke liegt, sind die dunkelgrünen Stechpalmen mit ihren feurigroten Früchten, die schwarzen Kiefern, Zypressen und Eibenbäume da; das nimmt nie ein Ende.

Ich sage euch, es gibt keinen Tod, nicht einmal einen Schlaf. Wir wachsen nur aus einer Zeit in die andere. Wir müssen mit dem Leben Geduld haben, denn es ist ewig.

Aber auch ihr, die ihr kein Beet eigener Erde im Weltall besitzt, könnt euch in dieser herbstlichen Zeit vor der Natur beugen: ihr könnt Zwiebeln von Hyazinthen und Tulpen in Blumentöpfe einsetzen, damit sie euch im Laufe des Winters entweder erfrieren oder aufblühen. Das macht man so: man kauft die entsprechenden Zwiebeln und dazu beim nächsten Gärtner einen Sack voll guter Gartenerde. Dann sucht man im Keller und auf dem Boden alle alten Blumentöpfe zusammen und gibt in jeden Topf eine Zwiebel. Schließlich wird man gewahr, daß man zwar noch einige Zwiebeln, aber keine Töpfe mehr hat. Also kauft man Blumentöpfe, worauf man feststellt, daß man zwar keine Zwiebel mehr, dafür aber Blumentöpfe und Erde übrig hat. Also kauft man noch ein paar Zwiebeln; weil aber wieder die Erde nicht ausreicht, verschafft man sich noch ein Säckchen Erde. Dann bleibt wieder Erde übrig, die man natürlich nicht wegwerfen will, weshalb man lieber noch einige Blumentöpfe und Zwiebeln dazukauft. Auf diese Weise geht das fort, bis die Hausgenossen Einspruch erheben. Hierauf stellt man die Blumentöpfe an die Fenster, auf Tische und Schränke, in die Vorratskammer, in den Keller und auf den Dachboden und blickt vertrauensvoll dem kommenden Winter entgegen.

Die Vorbereitung

WAS soll das viele Reden; schon sind alle Anzeichen da, daß sich die Erde, wie man zu sagen pflegt, zum Winterschlaf niederlegt. Blatt um Blatt gleitet von meinen Birken in schöner und gleichzeitig trauriger Bewegung zur Erde; was geblüht hat, zieht sich in die Erde zurück, von allem, was so üppig sproß, bleibt nichts als ein kahler Besen oder ein feuchter Strunk, zusammengeschrumpftes Blattwerk oder ein vertrockneter Stengel zurück, und selbst die Erde riecht modrig nach Verwesung. Was soll das viele Reden; für heuer ist eben Schluß. Chrysantheme, rede dir nichts mehr ein vom Reichtum dieses Lebens; Fingerkraut, du weißes, verwechsle diese letzte Sonne nicht mit der heiteren Märzsonne. Es hilft nichts mehr, Kinder, die Parade ist vorüber; legt euch schön nieder zum Winterschlaf.

Ach nein, ach nein! Was euch nicht einfällt! Erzählt doch keine Märchen! Was ist das für ein Schlaf! Alljährlich pflegen wir zu sagen, daß die Natur ihren Winterschlaf antrete, aber noch nie haben wir uns diesen Schlaf aus der Nähe angesehen, oder genauer gesagt, noch nie haben wir ihn von unten gesehen. Stellen wir doch einmal die Dinge auf den Kopf, damit wir sie besser kennenlernen; stellen wir doch die Natur auf den Kopf, damit wir in sie hineinsehen können, kehren wir sie nach oben, die Wurzeln. Du lieber Gott, und das soll Schlaf sein? Das nennt ihr Ausruhen? Eher möchte man sagen, die Natur habe aufgehört nach oben zu wachsen, weil sie keine Zeit dafür hat. Sie krempelt sich nämlich die Ärmel auf und wächst nach unten; spuckt sich in die Hände und gräbt sich in die Erde ein. Seht doch, dieses Lichte in der Erde, das sind neue

Wurzeln, seht doch, bis wohin sie sich vordrängen. Hei ruck! Hei ruck! Hört man denn nicht, wie die Erde unter diesem wütenden, haufenweisen Ansturm kracht! Melde gehorsamst, General, die Schwarmlinie der Wurzeln ist tief in die feindliche Linie eingedrungen; die Vorhut der Flammenblumen hat bereits Verbindung mit den Vorhuten der Glockenblumen. Gut, gut, sie sollen sich im eroberten Gebiet eingraben; das gesteckte Ziel ist erreicht.

Und das Dicke, Weiße und Zarte hier sind neue Schößlinge, neue Keimlinge. Seht nur, wieviel ihrer sind. Wie du heimlich buschig geworden bist, welke, verdorrte Staude, wie du sprühst, wie du vor Leben überquillst! Und das nennt ihr Schlaf? Hole der Teufel die Blätter und Blüten! Hier unten, hier unter der Erde ist die eigentliche Arbeit, hier, hier, hier wachsen neue Stengel; von hier bis dort, in diesen herbstlichen Grenzen drängt das märzliche Leben hervor, hier unter der Erde wird das große Frühlingsprogramm entworfen. Noch hat es keine Minute der Erholung gegeben; siehe, da ist der Bauplan, hier sind die Fundamente ausgehoben und die Röhren gelegt; und wir graben noch weiter, ehe der Frost den Boden erstarren läßt. Der Frühling errichte nur sein grünes Gewölbe über der Pionierarbeit des Herbstes! Wir herbstlichen Kräfte haben das unsrige geleistet.

Der harte, dickliche Trieb unter der Erde, die Beule am Scheitel der Knollen, der wunderliche Auswuchs unter den Fersen des trockenen Laubwerks: das sind die Bomben, aus denen die Frühlingsblumen hervorbrechen werden. Wir sagen, der Frühling sei die Zeit des Ausschlagens; in Wirklichkeit aber ist es der Herbst. Es ist zwar wahr, solange wir die Natur betrachten, endet das Jahr mit dem Herbst. Aber fast noch wahrer ist es, daß der Herbst der Anfang des Jahres ist. Man nimmt allgemein an, daß im Herbst die Blätter abfallen, was ich wirklich nicht leugnen kann; ich behaupte nur, daß der Herbst in einem gewissen tieferen Sinn die Zeit ist, in der die Blätter sich eigentlich entwickeln. Die Blätter verwelken, weil es Winter wird; aber sie verwelken zugleich, weil der Frühling beginnt, weil sich schon neue Knospen, klein wie Knallerbsen, bilden, aus denen der Frühling ausbricht. Es ist nur eine optische Täuschung, daß Bäume und Sträucher im Herbst kahl sind; sie sind nämlich mit allem übersät, was sich im Frühling an ihnen entfalten und entwikkeln wird. Es ist eine optische Täuschung, daß die Blume im Herbst eingeht, weil sie eigentlich geboren wird. Wir sagen, die Natur ruhe aus, indes sie sich wie wild nach vorn durchschlägt. Sie hat nur den Laden gesperrt und die Rolljalousie herabgelassen; aber dahinter wird bereits neue Ware ausgepackt, und die Fächer sind zum Brechen gefüllt. Leute, das ist der rechte Frühling; was jetzt nicht fertig ist, wird auch im April nicht fertig sein. Die Zukunft liegt nicht vor uns, sondern ist schon da, ist unter uns, in der Gestalt des Keimlings; und was nicht unter uns ist, wird es auch in Zukunft nicht sein. Wir sehen die Keimlinge nicht, weil sie unter der Erde sind; wir sehen die Zukunft nicht, weil sie in uns ist. Manchmal scheint es uns, als ob wir nach Verwesung röchen, zugedeckt mit allen trockenen Überresten der Vergangenheit; könnten wir nur sehen, wieviel dicke und weiße Triebe sich den Weg im alten Kulturboden bahnen, den man das Heute nennt, wieviel Samen im geheimen keimen, wieviel alte Setzlinge sich sammeln und vereinen zu einem lebendigen Trieb, der einstens zu blühendem Leben aufgehen wird.

Könnten wir das geheime Gewimmel der Zukunft unter uns sehen, wir würden wahrscheinlich sagen, daß unser Klagen und unser Mißtrauen große Dummheiten sind und daß das Beste von allem ist: ein lebendiger Mensch zu sein; nämlich ein Mensch, der wächst.

Der Gärtner im Dezember

NUN, jetzt ist wirklich schon alles fertig. Bis jetzt grub und hackte der Gärtner, lockerte auf, schollerte, düngte, überfuhr den Boden mit Kalk, mengte die Erde mit Torf, Asche und Ruß, beschnitt, säte, pflanzte aus, setzte um, teilte, steckte die Zwiebeln in die Erde, nahm über den

Winter die Knollen heraus, besprizte und begoß, mähte den Rasen, jätete, deckte die Blumen mit Reisig zu oder häufte Erde um ihre Hälschen; das alles hat er vom Februar bis zum Dezember getan; und jetzt, wo der Garten im Schnee versinkt, erinnert sich der Gärtner plötzlich, daß er eines vergessen hatte: den Garten anzusehen. Denn dazu – müßt ihr wissen – hat er niemals Zeit gehabt. Wollte er im Sommer den blühenden Enzian betrachten, mußte er unterwegs stehenbleiben, um den Rasen von Unkraut zu reinigen. Wollte er sich an der Schönheit des aufgeblühten Rittersporns erfreuen, mußte er ihm Stöcke geben. Als die Astern blühten, lief er mit der Kanne, um sie zu begießen. Stand die Flammenblume in Blüte, jätete er die Quecken aus; blühten die Rosen, suchte er, wo es Wasserreiser abzuschneiden oder Meltau zu entfernen gab. Als die Chrysanthemen aufblühten, stürzte er mit der Hacke auf sie los und lockerte die zusammengetretene Erde auf. Was wollt ihr, immer gab es etwas zu tun. Kann man denn die Hände in die Taschen stecken und im Garten herumgaffen?

Jetzt ist, Gott sei Dank, schon alles fertig; es gäbe zwar noch allerhand zu tun; dort hinten ist die Erde wie Stein, und die Flockenblume wollte er eigentlich umsetzen; aber Friede sei mit euch, es schneit bereits. Was meinst du, Gärtner, wenn du dir zum erstenmal deinen Garten *ansehen* gingest?

Also das Schwarze da, was aus dem Schnee hervorlugt, ist die brennende Liebe, dieser trockene Halm die blaue Akelei, dieses Büschel verbrannter Blätter der Scheingeißbart, und der Besen dort, das ist wohl eine *Aster ericoides;* und das hier, was gar nichts gleichsieht, ist die orangefarbige Trollblume, und dies Häuflein Schnee hier birgt eine Nelke, natürlich eine Nelke, und der Stengel dort ist wahrscheinlich rote Schafgarbe.

Brr, ist das kalt! Nicht einmal im Winter kann man sich über seinen Garten freuen.

Nun gut, heizt nur ein; lassen wir den Garten unter dem leichten Schneefederbett schlafen. Es tut gut, einmal auch an andere Dinge zu denken. Da ist ein ganzer Tisch mit ungelesenen Büchern, fangen wir damit an; wir haben so viele andere Pläne und Sorgen, beginnen wir mit ihnen. Ob wir auch nur alles gut mit Reisig abdeckten? Gaben wir der Tritoma genug zum Zudecken, vergaßen wir nicht die Bleiwurz? Den Lorbeer sollte man mit etwas Reisig beschatten. Ob uns der Felsenstrauch nicht erfrieren wird? Und was tun, wenn die Knollen des asiatischen Hahnenfußes nicht aufgehen? Da müßten wir etwas anderes an ihre Stelle setzen... einen Augenblick... einen Augenblick, gleich sehen wir in einer Preisliste nach.

Der Garten im Dezember ist vor allem in einer Unzahl von Gärtnerkatalogen enthalten. Der Gärtner selbst überwintert unter Glas in einem geheizten Raum, bis zum Hals keineswegs mit Dünger oder Reisig, sondern mit Gärtnerpreislisten und Prospekten, Büchern und Broschüren zugedeckt, denen er entnimmt, daß

1. die wertvollsten, dankbarsten und ganz und gar unentbehrlichen Blumen diejenigen sind, die er noch nicht in seinem Garten hat;

2. alles, was er dort hat, »etwas heikel« ist und »gern erfriert«, oder er in einem Beet eine Blume angepflanzt hat, »die Feuchtigkeit erfordert«, und daneben eine an-

dere, »die vor Feuchtigkeit geschützt werden muß«; daß das, was dem stärksten Sonnenlicht ausgesetzt ist, »vollen Schatten verlangt«, und umgekehrt;

3. es dreihundertsiebzig und mehr Arten von Blumen gibt, die »größere Aufmerksamkeit verdienten« und »in keinem Garten fehlen sollten« oder die wenigstens »eine ganz neue und überraschende Abart darstellen, die die bisherigen Ergebnisse weit übertrifft«.

Dies alles stimmt den Gärtner im Dezember recht mißmutig; einerseits beginnt er zu fürchten, daß im Frühjahr infolge Frost oder Hitze, Feuchtigkeit, Trockenheit, Sonne oder Mangel an Sonne keine einzige seiner Blumen herauskommen werde, weshalb er darüber nachgrübelt, womit er diese schrecklichen Lücken ausfüllen wird.

Andererseits muß er sich sagen, daß er in seinem Garten, wenn auch nur der kleinste Teil eingeht, fast nichts von jenen »wertvollsten, üppig blühenden, ganz neuen, unübertrefflichen« Arten haben wird, von deren Vorhandensein er gerade aus den sechzig Katalogen erfahren hat; auch das ist sicherlich eine unerträgliche Lücke, die auf irgendeine Weise ausgefüllt werden muß.

Da hört der überwinternde Gärtner auf, sich für das zu interessieren, was er in seinem Garten hat, ganz fasziniert von dem, was er nicht hat und was natürlich bei weitem mehr ist. So stürzt er sich denn auf die Kataloge und streicht darin an, was er bestellen muß, was ihm um Gottes willen nicht fehlen darf. Im ersten Eifer sucht er vierhundertneunzig Perennen aus, die er, koste es, was es wolle, bestellen wird; nachdem er sie schließlich zusammengezählt hat, ist er ein wenig abgekühlt und beginnt blutenden Herzens diejenigen zu streichen, denen er für diesmal entsagen will. Diesen schmerzlichen Ausschluß muß er noch fünfmal durchführen, bis ihm nur mehr an die hundertzwanzig der »schönsten, dankbarsten und unentbehrlichsten« Stauden verbleiben, die er – von tiefster Freude beflügelt – sofort bestellt. »Senden Sie sie mir Anfang März!!« – Gott, wenn schon März wäre, denkt er dabei in fieberhafter Ungeduld.

Nun, Gott hat ihn blind gemacht; im März stellt er nämlich fest, daß er in seinem Garten nur mit äußerster Anstrengung kaum zwei bis drei Stellen findet, wo man noch etwas einsetzen könnte, und das noch dazu beim Zaun hinter den Sträuchern der japanischen Quitten.

Sobald er die Haupt- und – wie ersichtlich – ziemlich übereilte Winterarbeit vollbracht hat, beginnt sich der Gärtner fürchterlich zu langweilen; da »es im März beginnt«, zählt er die Tage bis zum März, da ihrer aber zu viele sind, rechnet er noch fünfzehn Tage ab, weil »es ja manchmal auch schon im Februar beginnt«. Doch das hilft nichts, er muß eben warten. Daraufhin stürzt sich der Gärtner-Mensch auf etwas anderes, sagen wir auf das Sofa, auf den Diwan oder die Chaiselongue, und bemüht sich um den Winterschlaf der Natur.

Nach einer halben Stunde springt er, von einer neuen Idee inspiriert, aus dieser horizontalen Lage auf. Die Blumentöpfe! Man kann doch Blumen in Blumentöpfen ziehen! Plötzlich sieht er ein förmliches Dickicht von Palmen und Latanien, Drazänen und Tradeskantien, Asparagus, Clivia, Mimosen und Begonien in ihrer ganzen tropischen Schönheit vor sich. Und dazwischen werden natürlich frühzeitige Primeln und Hyazinthen oder Alpenveilchen blühen; aus dem Vorzimmer macht man einen Äquatorialdschungel, im Stiegenhaus werden Ranken her-

abhängen, und an die Fenster stellt man Blumentöpfe, die wie verrückt blühen werden. Da wirft der Mensch-Gärtner einen raschen Blick um sich und sieht plötzlich nicht mehr das Zimmer, das er bewohnt, sondern einen paradiesischen Urwald, den er hier hervorzaubern wird. Schon läuft er zum Gärtner um die Ecke, um beide Arme voll mit Schätzen der Vegetation heimzuschleppen.

Als er alles nach Hause bringt, bemerkt er,

daß die Sachen, nebeneinandergestellt, nicht wie ein Äquatorialurwald, sondern eher wie ein kleiner Töpferladen aussehen,

daß er nichts an die Fenster stellen kann, weil – wie die Weiber des Hauses fanatisch behaupten – die Fenster zum Lüften da seien,

daß er nichts ins Stiegenhaus geben kann, weil man damit angeblich Schweinerei mache und Wasser verspritze,

daß er sein Vorzimmer nicht in einen tropischen Urwald verwandeln könne, weil es sich die Frauenzimmer trotz seiner eindringlichen Bitten und Verwünschungen nicht nehmen lassen, die Fenster in die frostige Luft hinaus zu öffnen.

So trägt denn der Mensch-Gärtner seine Schätze in den

Keller, wo sie, wie er sich tröstet, wenigstens nicht zu frieren brauchen. Wenn er dann im Frühjahr im feuchten Boden graben wird, vergißt er ja todsicher seine Blumentöpfe. Welche Erfahrung ihn keineswegs daran hindern wird, es im nächsten Dezember wieder zu versuchen, seine Behausung mit neuen Blumentöpfen in einen Wintergarten zu verwandeln. Darin seht ihr das ewige Leben der Natur.

Vom Leben des Gärtners

MAN sagt: Die Zeit bringt Rosen: das ist zwar richtig – immerhin muß man auf die Rosen bis Juni oder Juli warten; und was das Heranwachsen betrifft, genügen drei Jahre, damit die Rose eine ganz anständige Krone bildet. Aber viel eher sollte man sagen: die Zeit bringt Eichen, oder die Zeit bringt Birken. Ich pflanzte einige Birken an und sagte zu mir: hier wird einmal ein Birkenhain sein, und dort in der Ecke wird eine mächtige hundertjährige Eiche stehen. Ich pflanzte auch ein Eichenbäumchen an, doch sind bereits zwei Jahre vergangen, und noch immer ist keine mächtige, hundertjährige Eiche daraus geworden, und auch die Birken sind noch kein hundertjähriger Hain, in dem die Nymphen tanzen. Natürlich warte ich noch einige Jahre; wir Gärtner bringen eine unendliche Geduld auf. Ich habe im Grase eine Libanonzeder stehen, fast so groß wie ich selbst; laut den Fachquellen erreicht die Zeder eine Höhe von mehr als 100 Metern und eine Stärke von 16 Metern. Nun, ich möchte schon darauf warten, bis sie die vorgeschriebene Höhe und Stärke erreicht; es würde sich eigentlich gehören, daß ich das bei voller Gesundheit erlebte und sozusagen die Früchte meiner Arbeit erntete. Inzwischen ist die Zeder um gute 26 Zentimeter gewachsen; nun gut, ich warte noch. Nehmen wir zum Beispiel das Gras. Zwar sprießt es, wenn man es gut aussät und es die Spatzen nicht wegpicken, in vierzehn Tagen hervor, und nach sechs Wochen kann man es schon wieder schneiden; aber ein englischer Rasen ist das noch lange nicht. Ich kenne ein ausgezeichnetes Rezept für den englischen Rasen, das – ähnlich wie das Rezept für die Worcestersauce – »von einem englischen

Landlord« stammt. Diesem Lord sagte einmal ein amerikanischer Milliardär: »Ich bezahle Ihnen Herr, was Sie wollen, wenn Sie mir verraten, auf welche Weise man einen so vollkommenen, grünen, dichtnarbigen, makellosen, samtweichen, gleichmäßigen, frischen, unverwüstlichen, kurz so einen englischen Rasen erzielt, wie der Ihre ist.« – »Das ist ganz einfach«, erwiderte der englische Landlord. »Man muß die Erde gut und tief vorbereiten. Es muß ein nahrhafter und durchlässiger Boden sein, weder sauer noch fett, weder schwer noch unfruchtbar; dann ebnet man ihn, damit er wie ein Tisch ist, sät den Grassamen aus und walzt den Boden sorgfältig nieder. Dann bespritzt man ihn täglich, und wenn das Gras herauskommt, schneidet man es Woche für Woche, kehrt das abgemähte Gras mit Besen ab und walzt den Rasen nieder; er muß täglich begossen, befeuchtet, bespritzt oder besprengt werden. Wenn Sie das dreihundert Jahre lang tun, haben Sie einen ebensoguten Rasen wie ich.«

Dazu kommt, daß jeder von uns Gärtnern alle Rosenarten praktisch ausprobieren wollte und auch wirklich sollte, und zwar in Hinsicht auf Knospen und Blüten, Stengel und Blätter, Kronen und andere Eigenschaften; *item* alle Arten Tulpen und Lilien, Schwertlilien, Rittersporn, Nelken, Glockenblumen, Scheingeißbart, Veilchen, Flammenblumen, Chrysanthemen, Georginen, Schwertel, Pfingstrosen, Astern, Primeln, Anemonen, Adlerkraut, Steinbrech, Enzian, Sonnenblumen, Mohnblumen, Goldrute, Trollblume und Ehrenpreis, von denen jede wenigstens ein Dutzend der besten und unentbehrlichsten Abarten, Varietäten und Bastarde hat. Dazu muß man noch einige hundert Familien und Arten zählen, die nur drei bis ein Dutzend Varietäten haben; ferner muß man den Gebirgs-, Wasser-, Heide-, zwiebelartigen, farnkrautartigen und schattenliebenden, den holzigen und immergrünen Pflanzen eine besondere Aufmerksamkeit schenken. Zähle ich all das zusammen, errechne ich, bei sehr vorsichtiger Schätzung und sozusagen unter Brüdern, elfhundert Jahre. Elfhundert Jahre braucht der Gärtner, um alles, was ihm zukommt, auszuprobieren, zu bewältigen und praktisch zu verwerten. Billiger kann ich es nicht geben, höchstens daß ich noch fünf Prozent nachlasse, weil ihr es seid und vielleicht nicht alles züchten müßt, obwohl es sich verlohnte; dennoch werdet ihr euch beeilen müssen und keinen Tag verlieren, wolltet ihr in dieser Zeit alles schaffen, was nötig ist. Der Mensch soll vollenden, was er begonnen hat; das seid ihr eurem Garten schuldig. Ein Rezept gebe ich euch nicht dafür; ihr müßt es selber probieren und aushalten.

Wir Gärtner leben in die Zukunft hinein; wenn unsere Rosen blühen, denken wir daran, daß sie im nächsten Jahr noch schöner blühen werden. Und in zehn Jahren wird aus diesem Fichtenbäumchen ein Baum – wenn nur diese zehn Jahre erst hinter mir wären! Ich möchte schon sehen, wie die Birken in fünfzig Jahren sein werden. Das Echte, das Beste ist vor uns. Jedes weitere Jahr gibt an Wuchs und Schönheit zu. Gott sei Dank, daß wir wieder um ein Jahr weiter sein werden.

Jaroslav Hašek

Schule des Humors
Zwölf Lektionen
Kurzgeschichten. Band 5372

Der Titel ›Schule des Humors‹ ist nicht ganz ernst, auch nicht unbedingt wörtlich zu nehmen. Strengen Pädagogen sollte von der Lektüre dennoch dringend abgeraten werden. Denn Hašeks bitterböse Humoresken aus dem bürgerlichen Heldenleben lassen das aufbauende Moment vermissen: alle seine Geschichten enden in boshaften Pointen, denen geschickt lancierte Katastrophen den Weg bereiten.

Von Scheidungen und andern tröstlichen Dingen
Humoresken. Band 5766

Die Zielscheibe seines Spottes sind Dummheit und Beschränktheit seiner Mitmenschen. Von den ins Aberwitzige vergrößerten Schwächen wird so boshaft pointiert erzählt, daß den Leser ein ganz besonderes Lesevergnügen erwartet.

Der Abstinenzlerabend und andere Humoresken
Herausgegeben von Jana Halamičková
Band 5840

Wie der Quartaner Papoušek im Traum Julius Cäsar begegnet, der seinem Lateinlehrer zum Verwechseln ähnlich sieht, wie das Prager Amtsblatt durch sinnentstellende Druckfehler seine Leser zu bildungsbeflissenen Nachforschungen anregt oder wie aus dem humanistisch gesinnten, fürstlichen Bibliothekar Herrn Caboun im Handumdrehen ein Lausbub wird. Diese und andere Grotesken aus dem Leben des Prager Kleinbürgers sind nachzulesen in 34 bislang unbekannten Humoresken.

Fischer Taschenbuch Verlag

fi 352/1